AF368908

GUIDE PRATIQUE

DE LA CULTURE DU COTON

L'auteur et l'éditeur se réservent le droit de traduire ou de faire traduire cet ouvrage en toutes les langues. Ils poursuivront conformément à la loi et en vertu des traités internationaux toute contrefaçon ou traduction faite au mépris de leurs droits.

Le dépôt légal de cet ouvrage a été fait à Paris à l'époque de janvier 1866, et toutes les formalités prescrites par les traités sont remplies dans les divers États avec lesquels il existe des conventions littéraires.

Tout exemplaire du présent ouvrage qui ne porterait pas, comme ci-dessous, ma griffe, sera réputé contrefait, et les fabricants et débitants de ces exemplaires seront poursuivis conformément à la loi.

BIBLIOTHÈQUE DES PROFESSIONS INDUSTRIELLES ET AGRICOLES
SÉRIE B, N° 43.

GUIDE PRATIQUE

DE LA

CULTURE DU COTON

PAR LE DOCTEUR

ADRIEN SICARD

Secrétaire général de la Société d'horticulture
et du Comité d'Agriculture pratique de Marseille
Membre de la Société impériale zoologique d'acclimation
Correspondant de plusieurs Sociétés savantes françaises
et étrangères, etc., etc.

PARIS

LIBRAIRIE SCIENTIFIQUE, INDUSTRIELLE ET AGRICOLE

EUGÈNE LACROIX, ÉDITEUR

LIBRAIRIE DE LA SOCIÉTÉ DES INGÉNIEURS-CIVILS

15, QUAI MALAQUAIS

1866

Tous droits réservés.

AVANT-PROPOS

—

Nous aurions dû faire paraître ce Guide depuis
longtemps, mais nous en avons retardé l'impression,
afin de poursuivre les études pratiques que nous faisons par nous-même, et de méditer les publications
qui ont été faites sur le sujet qui nous intéresse,
désireux que nous étions de rendre ce travail moins
imparfait.

Telles sont les causes qui nous ont fait différer
l'impression de ce volume. Puisse-t-il être utile à
quelques-uns de ses lecteurs. Nous nous estimerions
heureux s'il en était ainsi.

Les figures intercalées dans ce Manuel ont toutes
été photographiées d'après nature par un de nos fils
et nous : c'est dire qu'elles sont exactes. Nous avons
pensé que ces quelques figures pourraient donner

une idée du Cotonnier et du Coton aux personnes qui ne l'auraient jamais vu, et rappeler quelques détails intéressants à ceux qui s'en sont déjà occupés.

Puisse cet opuscule provoquer parmi ses lecteurs des observations utiles, dont nous recevrons communication avec un vif intérêt, désireux que nous sommes de le rendre le plus complet possible s'il parvient à une nouvelle édition.

Marseille, janvier 1866.

INTRODUCTION

> Marche toujours droit, quelque rude, quelque
> montueux que soit le chemin; ne quitte pas la
> ligne droite et ne cesse jamais de regarder de-
> vant toi, car celui qui ne regarde pas en avant
> ne sait où il pourra s'arrêter.
>
> FERNAN CABALLERO.

Nous avons longtemps hésité avant de nous décider à publier un Guide pratique sur la culture du
Cotonnier. Il est, en effet, bien difficile de donner
un travail complet sur une matière aussi délicate.
Notre désir est de tâcher d'aplanir les difficultés qui
se présentent dans une culture nouvelle.

Puissent nos lecteurs retirer quelque profit de ce
léger aperçu, et se rappeler qu'un guide est seule-

ment un *vade-mecum* qu'on doit consulter, tout en faisant soi-même des observations indispensables pour assimiler une culture quelconque aux terrains dont on dispose, et au climat sous lequel on travaille.

Cet ouvrage se divise en dix parties.

Dans la première, nous étudierons le choix des terrains dans lesquels on peut cultiver le Cotonnier, quelle préparation on doit lui donner, et comment doit se fumer la terre pour lui faire produire du coton.

Passant ensuite au choix des graines du Cotonnier, nous les étudierons au seul point de vue de la reproduction; le mode d'ensemencement et les soins à donner aux plantes, pendant tout le temps de leur vie, termineront ce chapitre.

Dans la troisième, nous tâcherons de déterminer à quelle époque on doit récolter le coton; nous nous demanderons s'il peut mûrir hors de la plante, et comment doit se faire la récolte de ce précieux végétal.

Les maladies dont sont attaqués les Cotonniers, et les insectes qui sont nuisibles à cette plante, feront partie du quatrième chapitre, qui se terminera par des études sur les moyens de préserver les cultures des maux ci-dessus énumérés.

Nous consacrerons le chapitre suivant à l'étude des diverses espèces de Cotonniers, et nous indiquerons quelles sont celles qu'on doit préférer selon le climat qu'on habite et les qualités du terrain dont on dispose.

Des études sur la culture du Cotonnier, dans les diverses contrées du globe, prendront place dans un chapitre subséquent.

Nous consacrerons plusieurs pages à résoudre la question que nous posons en sixième lieu :

Peut-on cultiver le Cotonnier dans le midi de la France et en Algérie, et quelles sont les espèces préférables pour ces contrées ?

Nous appelons toute la bienveillante attention de

nos lecteurs sur cette question, qui nous paraît de la plus haute importance, et à laquelle nous croyons qu'on peut donner une réponse favorable.

Le huitième chapitre sera consacré à des études sur le coton. Nous tâcherons de démontrer que les diverses qualités de coton, et surtout de fibrilles dans la même espèce, proviennent des inconvénients auxquels nous essayerons d'obvier, le but du cultivateur étant d'obtenir des qualités *extra* pour en retirer un prix plus rémunérateur.

Nous passerons ensuite à l'étude du rendement du Cotonnier dans diverses contrées, et, après avoir parlé de l'égrenage du coton et des diverses machines propres à cet usage, nous poserons des conclusions qui découleront du travail auquel nous nous serons livré.

Chers lecteurs, nous demandons votre bienveillante attention pour ce Guide pratique; veuillez nous suivre pas à pas et ne formuler votre jugement sur cet opuscule qu'après l'avoir lu en entier, médité, et nous oserions dire après avoir essayé par vous-mêmes et sans prévention les modes de culture que nous vous engageons à suivre.

GUIDE PRATIQUE

DE LA

CULTURE DU COTON

CHAPITRE PREMIER

ÉTUDES SUR LE CHOIX DES TERRAINS DANS LESQUELS ON PEUT CULTIVER LE COTONNIER. — PRÉPARATION DE LA TERRE. — FUMURE.

> La théorie agricole sans la pratique est insuffisante pour guider l'agriculteur, et la pratique dénuée de théorie est une lanterne sans lumière ; toutes deux doivent donc marcher de front.
> ROUX.

Si nous excluons les terres complétement argileuses et compactes, celles qui n'ont aucune profondeur et dont le sous-sol est imperméable, nous aurons, dès le principe, éliminé tous les terrains impropres à la culture du Cotonnier.

Les études pratiques faites partout dans ces derniers temps, époque à laquelle on a cherché à propager ce précieux végétal, prouvent qu'avec du soin, des labours convenables, une fumure appropriée

Plante de Cotonnier Louisiane blanc, cultivé sans soin ni arrosage à la Louise (Vitrolles), canton de Berre (Bouches-du-Rhône).

aux qualités de terrain dont on dispose, un climat permettant la maturation des gousses, l'on peut parvenir à élever le Cotonnier dans toute espèce de terrain.

Dans un temps, l'on avait cru que les terres ma-

récageuses présentaient un obstacle insurmontable
à la culture de la malvacée qui nous occupe; les expériences pratiques faites en Italie et dans le midi de
la France ont prouvé que le Cotonnier vient dans
des terrains même salés, et que la seule exception
qu'on ait rencontrée se trouve dans ceux qui ont une
telle efflorescence de sel à leur surface, qu'ils ont
l'apparence d'une terre couverte d'un linceul blanc.

Des terres d'alluvion, composées de trois quarts
d'argile et un quart de sable, des terrains calcaires
argileux, des terres sablonneuses silico-calcaires, des
terrains mixtes, ceux qui sont volcaniques mêlés
d'argilo-calcaires, des terrains argileux avec sous-sol
perméable, des sables, des terres d'alluvion et autres,
même marécageuses et salées, ont été semés en Cotonnier et ont donné des produits remarquables.

Si nous étudions les divers auteurs qui ont écrit
sur la matière qui nous intéresse, si nous consultons
le remarquable rapport fait en 1864 par M. Devincenzi, président de la Commission royale, qui avait
pour but d'étudier la première exposition des cotons
italiens, nous sommes obligé de reconnaître que la
culture du Cotonnier réussira partout où l'on voudra
se donner la peine de labourer la terre convenablement, et sous les réserves indiquées ci-dessus.

Nous voulons bien admettre vos assertions, diront
quelques-uns de nos lecteurs, mais vous nous accor-
derez que la culture du Cotonnier est seulement pro-

fitable là où l'on peut user largement d'arrosage.

Nous regrettons infiniment d'être obligé d'avouer qu'il y a encore une erreur sous ce point de vue. Consultez, en effet, toutes les observations contenues dans le travail sus-mentionné; étudiez, avec nous, les rapports faits par l'honorable M. Hardy, directeur du jardin d'acclimatation du Hamma, rapports qui étudient les cultures du Cotonnier en Algérie; parcourez tous les auteurs qui se sont occupés du coton, et vous serez convaincu que, même sans arrosement, il y a des espèces de Cotonnier donnant un produit rémunérateur.

Livrons-nous donc à cette culture, et, pour entrer tout de suite dans la question, apprenons à cultiver le sol destiné à produire la malvacée dont nous nous entretenons.

Préparation de la terre.

Il en est de la culture du Cotonnier, comme de toute plante de quelque espèce et de quelque nature qu'elle soit.

Si l'on possède des terrains forts et compactes, il faut nécessairement plus de main-d'œuvre pour les mettre en rapport; ce ne sera qu'à force de les travailler, soit par les instruments à la main, soit par les charrues, que nous parviendrons à désagréger ces terres et à les rendre aptes à produire.

Vous êtes obligé de les charruer de bonne heure pour que les influences de température se fassent sentir sur ces terrains. Travaillés avant la gelée, repris de nouveau, quand le temps le permet, dans un sens contraire, hersés et retournés de toute sorte, ces terrains vous produiront; mais ceux qui se trouvent dans de meilleures conditions rendront davantage avec moins de peine.

Si vos terrains sont sablonneux, évidemment vous aurez moins de préparations à leur faire subir, et les racines s'y trouveront plus à leur aise; mais il faut observer, dans ce cas, que leur perméabilité étant plus grande, ils se dessèchent davantage, si vous ne pouvez les arroser, et ils produiront moins en proportion; sauf le cas dans lequel le sous-sol est d'une autre nature, et retient dans ses interstices une humidité que la racine de Cotonnier saura s'approprier.

Avez-vous affaire à des terrains marécageux? dans ce cas le travail est encore plus grand, mais, en revanche, vous obtenez un sous-sol toujours humide et qui rendra un bon produit, témoin les essais de culture faits dans la commune de Naples pour tirer parti des terres du Volturne.

Ces vastes terrains sont situés au bord de la mer, complétement improductifs et encombrés de tamaris, de chardon et d'autres plantes inutiles. La fièvre décime ces pays dans lesquels se trouvent à peine quelques conducteurs de buffles dévorés par ce fléau.

L'Institut royal d'encouragement pour la culture du coton dans la commune de Naples n'a pas hésité pour faire des études dans ces contrées, et les résultats obtenus promettent le succès.

Une condition essentielle pour obtenir de la terre un bon produit est de la soumettre le plus longtemps possible aux diverses influences de l'air et de la température. Si les sous-sols sont de mauvaise qualité, le laboureur doit avoir le soin de ne pas le retourner à la superficie, mais il n'en reste pas moins prouvé qu'on doit approfondir ces terres, en faisant suivre la charrue ordinaire par une charrue sous-sol. Nous ne saurions trop recommander l'usage de cet instrument, destiné à former une réserve d'humidité, très-favorable à toute culture, dans les pays dénués d'arrosage.

Dire que le Cotonnier est une plante à racine pivotante, c'est prouver la nécessité de bien préparer la terre qui doit la recevoir; car, dans les plantes pivotantes, la racine primitive, qui s'enfonce profondément et perpendiculairement dans le sol, est celle sur laquelle viennent pour ainsi dire se greffer les racines traçantes et pourvues de chevelus; ce dernier s'implante rarement sur le pivot.

Nous avons quelque raison de penser que la racine du Cotonnier, destinée à donner son produit dans une année, gagne plus à diminuer la longueur de son pivot qu'à l'augmenter, témoin les exemples de plantations de Cotonnier, faites dans des lieux où la couche de terre est peu profonde, quoique de bonne qualité.

Tels sont les terrains qu'*Atkins* a trouvés en 1721 dans la *Sierra-Leona*, et où le Cotonnier reposait sur un roc avec quelques centimètres de terre. Dans ces cas, la racine pivotante existe toujours, mais, au moment où elle rencontre soit le roc ou la terre dure, les latérales se développent démesurément et donnent ainsi une nourriture suffisante pour la maturation des gousses, maturation qui en est avancée, sans que le produit en coton perde de sa quantité ou de sa qualité.

Des exemples de ce mode de conformation se sont produits en Italie, et sont relatés dans l'ouvrage que nous avons cité précédemment.

Nous avons observé dans nos cultures ces mêmes racines, et nous les reproduisons dans une de nos gravures, parce que ces plantes ont produit jusqu'à cinquante-six capsules mûres, tandis que d'autres, avec un pivot beaucoup plus fort, n'ont rien produit, quoique placées dans les mêmes conditions.

Nous pensons qu'on doit étudier cette question, car sa solution, par l'affirmative, serait du plus grand intérêt pour la culture du Cotonnier dans certaines localités.

Quelle est la profondeur que doit atteindre l'instrument pour une bonne culture de Cotonnier, et,

Racine du Cotonnier Géorgie longue soie, donnant un beau produit et mûrissant toutes ses capsules à la Louise (Vitrolles.)

vaut-il mieux travailler les terres à la pioche ou à la charrue?

Pour tout homme d'étude qui suit avec attention

le développement de nos arsenaux agricoles, il est prouvé que les travaux faits avec nos charrues perfectionnées sont aussi bons, et nous oserions dire

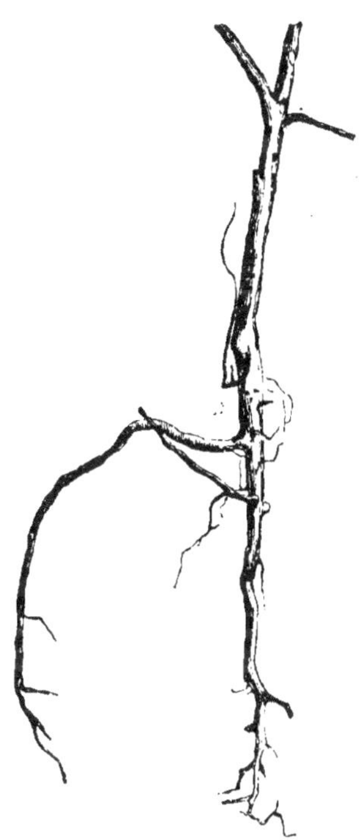

Racine du Cotonnier Géorgie longue soie ayant mûri environ à moitié de ses capsules à la Louise (Vitrolles).

préférables, à ceux qu'on obtient par les instruments à la main. Ce dernier labeur, dans le cas qui nous occupe, peut s'appliquer seulement à des cultures très-restreintes ; car le prix de la main-d'œuvre est

1.

devenu inabordable, et si l'on ne remplace les bras de l'homme, dans tous les cas où cela est possible, par le travail des instruments aratoires, toute culture deviendra onéreuse et impraticable.

Les profondeurs qu'on doit donner aux labours varient entre 40, 35 et 25 centimètres; l'on a vu obtenir de très-belles récoltes dans des terres travaillées à cette dernière profondeur, quoiqu'elles ne fussent pas arrosées.

Il est indispensable de faire plusieurs labours en commençant à l'automne, les continuant pendant l'hiver, pour les terminer au printemps.

L'emploi de la charrue à plusieurs colliers, deux le plus souvent, des charrues sous-sol, de la herse, des brise-mottes, dans certaines circonstances, est indispensable pour l'ameublissement des terrains.

Tout le monde comprend qu'une terre bien remuée est apte à toute sorte de culture, surtout si l'on a eu le soin de la herser à diverses reprises, car le travail de la herse, qui déchire les mottes et les oblige à subir les influences atmosphériques, économise une partie des engrais.

Beaucoup de cultivateurs ne veulent pas comprendre ce genre de travail et croient que plus on laboure profondément le sol, mieux réussit la plantation; partant de ce principe, ils enfouissent leurs engrais trop au-dessous du sol, position dans laquelle ils se perdent.

On doit faire suivre chaque labour d'un hersage.

Nous recommandons d'une manière toute spéciale le croisement du labour, attendu que par ce travail aucune motte de terre ne peut échapper à l'instrument, et qu'elles sont obligées de venir subir l'influence de l'air et de la lumière, ce qui, joint aux différences de température et à l'emploi énergique de la herse, les force à se dissoudre.

S'appesantir sur les divers travaux indispensables à la préparation des terrains, afin que chaque cultivateur, après la lecture de ces quelques lignes, soit apte à se servir de tel ou tel moyen qui conviendra le mieux aux contrées qu'il habite, tel a été le but que nous nous sommes proposé; puisse-t-il être atteint?

On peut aussi cultiver le cotonnier comme les légumes de printemps, c'est-à-dire après avoir coupé le mélange de céréales et de plantes légumineuses qu'on sème à l'automne pour faucher en vert au printemps (mars-avril); par ce moyen, l'on obtient deux récoltes sur le même terrain.

Il est d'observation que les Cotonniers venus dans ces conditions ont donné des produits plus avantageux; l'on voit donc qu'il y a beaucoup d'études pratiques à faire sur la malvacée qui nous occupe, et que chacun doit apporter son concours et son expérience pour obtenir de cette culture les produits les plus avantageux.

Travailler profondément tout le terrain dans lequel on veut cultiver le Cotonnier n'est pas indispensable.

Dans certains pays, tels que l'Italie et les colonies, on travaille le sol sur 1 mètre dans un sens et 60 cen-

Racine du Cotonnier Géorgie longue soie, ayant à peine mûr quelques capsules à la Louise (Vitrolles).

timètres dans l'autre ; puis on laisse en friche une partie de terrain d'un mètre de largeur, et l'on continue ainsi de grands espaces de terre, se contentant plus tard de donner un léger coup de charrue dans le terrain laissé sans culture. Dans certaines contrées, on passe seulement la houe à cheval; ce mode de culture est surtout usité dans les pays non arrosés.

Dans d'autres localités on trace quatre sillons,

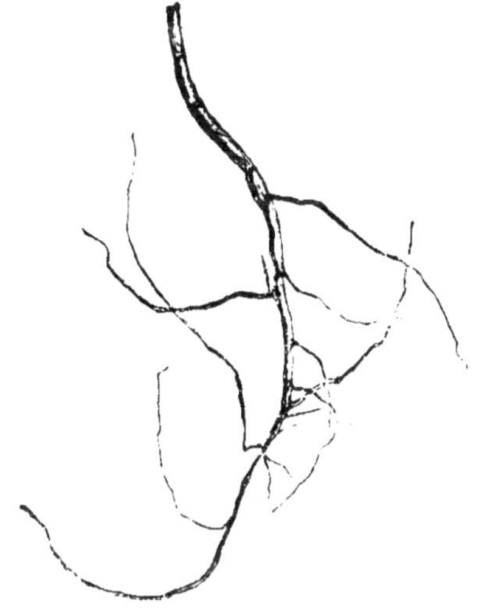

Racine du Cotonnier Louisiane blanc, ayant donné un bon produit et mûri toutes ses capsules à la Louise (Vitrolles). — Il n'y a point de maturité et les plantes ne peuvent parvenir à prendre leur accroissement dans les cas où il manque les radicelles qui partent du pivot.

puis on fait un fossé de trente centimètres de largeur sur une profondeur de trente-cinq centimètres en rejetant la terre sur le sillon; puis, quatre sillons après le fossé; par ce moyen la terre labourée se

trouve avoir environ soixante centimètres de profondeur.

On a vu, en Italie, des terres travaillées seulement à l'araire produire de bonnes récoltes. Inutile
d'ajouter que ces terrains étaient sablonneux et arrosés.

Occupons-nous maintenant des engrais nécessaires pour la culture du Cotonnier.

Fumure.

Quel est l'engrais qui convient le mieux à la culture du Cotonnier et de quelle manière doit-on
l'employer?

Si nous disions à nos lecteurs que toute espèce
d'engrais est utile pour la plante que nous étudions,
qu'il n'y a qu'à les appliquer suivant les règles générales qu'on doit suivre selon telle ou telle espèce
de terrain, quoique nous fussions dans le vrai, personne ne serait de notre avis.

Il est cependant démontré qu'on a employé utilement pour la culture du Cotonnier des engrais provenant du sang des animaux, le noir d'ivoire, les
fumiers d'étable et de ferme, des terreaux, des tourteaux et tous autres engrais, à l'exception des *guanos.*
Cette dernière substance, de même que les fumiers

de pigeon et autres de la même nature, doit être proscrits de la culture du cotonnier.

Si l'on veut obtenir des produits abondants et de bonne qualité, l'expérience a prouvé que le meilleur engrais était la graine de Cotonnier. Des expériences faites dans les pays producteurs de coton et autres lieux ont affirmé la véracité de cette assertion; mais l'on doit observer à ce sujet qu'il faut faire pourrir les graines avant le semis.

Il résulte de cette pratique, que les tourteaux obtenus de la graine du Cotonnier sont excellents pour la culture de cette plante et qu'il doit en être de même des tourteaux d'autres plantes oléagineuses, en se rappelant, toutefois, qu'il est indispensable de les faire pourrir avant le semis.

Pour la culture spéciale de quelques espèces de Cotonniers, le Géorgie, longue soie, par exemple, une certaine quantité de sel doit entrer dans la confection des fumiers; aussi les engrais provenant de la décomposition des plantes marines, des poissons et autres détritus de ce genre, ont rendu de grands services dans les localités où on les avait sous la main; nous pensons qu'il en serait de même pour les engrais retirés par le dragage du port de Marseille et autres lieux, si l'on avait à payer seulement les frais de transport à prix réduit.

Les cultivateurs des États-Unis mêlent au sol de eurs cotonnières les vases des terrains bas et salés;

cet amendement n'active pas la végétation, mais il fortifie la plante, la rend plus fructifère et moins sujette aux maladies.

C'est dans cette contrée qu'on récolte le fameux coton *sea-island,* le plus beau coton connu avant que cette même qualité ait été cultivée en Algérie ; ce dernier est, d'après les manufacturiers compétents, égal, sinon supérieur, au coton des États-Unis.

Quel que soit l'engrais que l'on juge convenable d'appliquer aux terres destinées à la malvacée qui nous occupe, il faut se rappeler qu'on doit l'enfouir avant de semer, autrement la fermentation produite dans le sol tue le Cotonnier ; sauf les cas dans lesquels l'on emploie la suie et les cendres, mais ces derniers engrais doivent s'enfouir en petite quantité.

Si vous vous servez d'engrais parfaitement consommés dans la fosse, ou de ceux qui sortent des ateliers de M. Fabry (Eugène), de Marseille, et qui sont désignés sous le nom d'engrais animalisés, se composant de sang de bœuf, de viande desséchée, de terre d'os, de déjections alvines, rognures de peau, sel, etc., etc., le tout mélangé avec de la terre de Mogador, résidu provenant du battage des peaux qu'on envoie du Maroc, et se composant de terre, poils, etc., etc., cet amalgame ayant séjourné en fosse pendant cinq à six mois, ce qui produit une digestion complète de l'engrais, dans ce cas vous pouvez le placer au moment même du semis.

Des cultivateurs vous diront que le Cotonnier es
une plante qui ne demande aucun engrais; mais,
dans ce cas, ils ont réussi sur des sols fumés depuis
longtemps et sans ajouter d'engrais au moment du
semis. Ils ont agi comme on doit le faire pour
cette plante, en éparpillant et enfouissant le fumier à l'entrée de l'hiver.

On a des exemples de bons produits récoltés
dans des terres sans fumure, mais complétement
vierges, de même que dans des sols défrichés, qui
étaient primitivement couverts de genévriers, bruyères ou autres plantes; mais dans ce cas, le laboureur
avait eu le soin de cultiver légèrement et de ne pas
mêler le sous-sol avec la terre de bruyère, auquel
cas, il n'aurait pu réussir cette culture.

Si l'on avait à sa disposition de l'eau d'arrosage,
il y aurait moins d'inconvénients à l'emploi de fumier n'étant pas complétement décomposé; mais
il est prudent de s'en abstenir, attendu qu'on a des
exemples de cas nombreux dans lesquels cette seule
circonstance a privé de récolte.

Mettez-vous trop d'engrais, comme nous l'avons
vu dans plusieurs circonstances, vous obtenez une
magnifique végétation, mais c'est au détriment du
produit utile, et non-seulement vous retardez la floraison, mais encore vos gousses n'arrivent plus à
maturité, et cela, non-seulement dans les contrées

où l'on introduit la culture du Cotonnier, mais encore dans celles où ce produit est indigène.

Avis à certaines personnes qui se prononcent d'après leur expérience personnelle, d'une manière très-tranchante, sur la négative de l'introduction du Cotonnier dans le Midi de la France.

Il est indispensable, lorsqu'on veut établir une culture de Cotonnier, d'observer que les terrains sur lesquels on le sème soient à l'abri de l'humidité; dans le cas contraire, les graines pourrissent.

On doit préparer la terre par de bons labours faits à l'automne dans les cas ordinaires et au printemps si l'on agit sur es terres portant des céréales destinées à couper en vert au mois de mars ou d'avril.

Fumure à l'automne ou au printemps, en ayant le soin d'employer des engrais bien consommés. Dans ce dernier cas, on peut aussi se servir de litière, en prenant la précaution de lui laisser jeter son feu.

Tel est, en résumé, le premier chapitre de ce travail; nous espérons avoir été bien compris de nos lecteurs, nous leur dirons, en terminant, avec Jacques Bugeaud : *Tout vient de la terre et tout y rentre; le travail et le savoir font des produits.*

CHAPITRE I

CHOIX DES GRAINES. — MODE D'ENSEMENCEMENT.
SOINS A DONNER AUX PLANTES.

> Que chacun fasse son devoir, le devoir, c'est tout
> ce qu'on peut faire pour son pays et pour ses sembla-
> bles. Homme de science, j'ai dit ; à d'autres l'action.
>
> GEOFFROY SAINT-HILAIRE.

Nous allons nous occuper, dans ce chapitre, du choix de la graine de Cotonnier, considérée au seul point de vue de la semence.

Qu'il existe ou non des cotonniers herbacés ; que ceux-ci soient distincts ou similaires de ceux dits en arbres, ce sont des questions que nous étudierons plus tard.

Comment doit-on choisir les graines du Cotonnier au seul point de vue de la semence, ou si l'on veut, d'un produit rémunérateur ?

Il est évident pour tout homme d'étude, de quelque espèce et de quelque nature qu'il soit, que les graines d'une plante, prise à telle ou telle époque de la maturation des fruits, est plus ou moins apte à se reproduire dans de bonnes conditions.

Que diriez-vous d'un homme désireux de fonder dans une colonie sauvage un peuple fort et de bonne constitution, qui, pour parvenir à ses fins, ramasserait dans la mère-patrie, les enfants nés de pères très-jeunes ou de parents très-âgés?

Vous hausseriez les épaules et seriez sûr d'avance de la non-réussite de l'entreprise.

La graine de Cotonnier trop hâtive et celle qui est trop en retard se présentent dans les mêmes conditions que nous venons d'indiquer pour les hommes. Prise sur des individus trop soignés, élevés pour ainsi dire en serre, sur une plante donnant ses premières gousses ou dans l'arrière-saison, cette graine reproduira nécessairement des plantes de mauvaise qualité.

Si par contre, vous avez soin de recueillir vos graines sur des pieds forts et vigoureux, mais venus ainsi naturellement, car il s'en trouve toujours dans une plantation ; si vous prenez vos semences à la partie moyenne de la récolte, c'est-à-dire dans ce temps intermédiaire où la plante possède toute la séve nécessaire pour mûrir parfaitement ses gousses ; si, en outre, vous avez le soin de choisir une à une les capsules contenant les graines destinées à la reproduction, vous vous serez placé dans les conditions de réussite les plus favorables.

On nous dira qu'il est bien difficile de se procurer des semences dans les conditions ci-dessus indiquées, surtout quand il s'agit d'un premier semis. Nous savons en effet, par expérience, que les marchands grainiers sont loin de fournir des produits de bonne qualité, ils ne prennent aucun soin de leurs graines et pour la plupart, ils ne font aucune distinction entre les bonnes et les mauvaises. Est-ce bien la faute des marchands qui trouvent à vendre leurs produits de mauvaise qualité, ou de celui qui les achète? C'est là une simple question que nous posons à nos lecteurs.

Si vous avez de la peine à vous procurer de bonnes semences en principe, il n'en sera pas de même plus tard. Vous aurez du travail, mais vous arriverez au but que vous voulez atteindre, qui est d'obtenir une grande production de qualité supérieure sur le plus petit espace de terrain possible.

Supposons que vous êtes obligé de vous procurer des graines au début et qu'elles soient en votre possession. Sans doute, vous avez fait tout votre possible pour les obtenir de bonne qualité, mais, il vous convient avant le semis, de les trier à la main, car avec un peu d'habitude, vous verrez, au premier coup d'œil, celles qui sont avortées et détériorées. Ce triage est à notre avis le seul moyen d'obtenir d'excellentes graines de semis.

D'autres vous engageront à les placer dans une quantité d'eau telle, que cette graine puisse en absorber suffisamment pour tomber au fond du vase.

Soyez impitoyable pour toutes celles qui surnageront au bout de vingt-quatre heures ; persuadez-vous bien que par ce procédé vous vous débarrasserez de toutes les graines qui sont tarées ou avortées ; mais pour parvenir au but que vous voulez atteindre, il est indispensable de placer les semences dans une quantité d'eau proportionnée au poids de vos graines et de les agiter souvent.

Quelques-uns sont d'avis de semer les graines de Cotonnier tout de suite après cette opération ; d'autres, au contraire, vous engageront à les faire parfaitement sécher et à les conserver jusqu'au moment du semis.

Il y a du bon dans ces deux manières de voir, mais nous pensons qu'il vaut mieux les faire sécher parfaitement et les conserver ainsi privées de toutes les graines de mauvaise qualité. Elles se conservent mieux.

Dans le cas sus-indiqué l'on doit prendre toutes les précautions possibles pour que la graine soit parfaitement séchée.

Toutefois nous ne saurions trop recommander aux planteurs le choix des graines *sur pied*, ce qui économise du temps, de l'argent et assure la perfection du semis.

Vous avez eu le soin de choisir vos graines, elles sont aussi bonnes que possible et vous allez bientôt les confier à la terre ; les unes sont lisses comme le coton Géorgie longue soie, d'autres sont entourées de duvet comme le louisiane, etc.

Faut-il, comme le conseillent quelques planteurs, prendre les précautions les plus minutieuses pour les débarrasser du duvet qui les entoure ? Doit-on faire un trou dans le sol, y placer de l'eau, malaxer les graines avec du sable ou autres matières, afin d'user comme on veut bien le dire, la peau de la graine, pour aider la germination de la plantule ?

Nous vous avouerons très-franchement que la pratique nous a démontré l'inutilité de tous ces soins.

Quand nous voulons étudier la nature, il faut le faire en l'imitant et non en la contrariant ; l'aider et non l'entraver, tels sont les préceptes qu'on doit toujours suivre.

Que diriez-vous d'une personne qui viendrait vous conseiller de casser, bien soigneusement, les noyaux des abricotiers, cerisiers et autres ; d'écorcer les pepins, etc. Vous lui répondriez que la nature agit toute seule sans se donner cette peine ; il est évident que dans les pays où les arbres et plantes viennent à l'état sauvage l'on obtient une magnifique végétation sans avoir recours à ce moyen.

Nous sommes sûr de ne pas être démenti en affirmant que dans tous les pays cotonniers, le semis de la graine, telle qu'elle sort de la plante, la reproduit dans d'excellentes conditions.

Évidemment, ce serait folie de notre part de laisser

autour des graines que nous devons semer tout le duvet qui les enserre; ce serait un fort déchet en pure perte.

Mais si nous devons récolter le Coton qui entoure les graines de semis, il ne peut en être de même du duvet qui adhère à la graine.

Que diriez-vous d'un homme dans son bon sens qui vous poserait la question suivante?

Voulez-vous reproduire des hommes forts et vigoureux, d'une belle peau et dans les meilleures conditions pour propager leur race? Commencez par leur arracher tous les poils, grattez-leur la peau, etc. Sans aucun doute vous enverriez aux Petites-Maisons la personne qui vous tiendrait ce langage.

Pour nous, il en est de même de la graine de Cotonnier limée par le sable, c'est perdre du temps et de l'argent. Il est positif que la graine bien choisie et de bonne qualité, ce qui veut dire pas échauffée (car nous avons vu souvent des graines pour semis dont l'odeur seule prouvait qu'elles étaient ineptes à se reproduire), sort de terre en aussi peu de temps, et nous oserions dire plus tôt, que les semences préparées par le procédé sus-indiqué.

Est-ce à dire qu'on doit semer la graine de Cotonnier telle qu'on la récolte? qu'il ne serait pas préférable de lui faire subir avant une préparation quelconque? — Non.

Entre priver un noyau de son enveloppe corticale et le stratifier avant le semis, il y a une très-grande différence! Il nous est donc loisible d'activer la germination de la graine du Cotonnier, mais seulement en aidant la nature et en lui donnant le moyen de diminuer les phases de la première période germinative.

Si nous étudions le développement de la graine du Cotonnier comme de toute autre graine, nous voyons qu'il y a d'abord une période de gonflement; c'est dans ce moment que les parties nutritives de la graine qui étaient complétement désséchées et endormies, absorbent une grande quantité d'humidité afin de remplacer celle qui leur a été enlevée par la dessication. Nous sommes dans notre droit en abrégeant cette période qui est celle du réveil de la graine.

D'autre part, la semence déposée dans le sol peut être dévorée par des animaux de toute sorte; nous avons donc l'obligation de défendre notre semis contre les voleurs de quelque nature qu'ils soient.

Vous voyez, cher lecteur, que nous en arrivons à trouver un moyen de parer aux inconvénients signalés, sans avoir recours à des procédés contre nature.

La graine que vous avez parfaitement choisie et dont vous êtes aussi sûr qu'on peut l'être de quelque chose dans ce monde, doit, avant son semis, être trempée dans de l'eau contenant en dissolution, de la suie, de la cendre, ou du crotin de brebis ; nous recommandons surtout l'emploi de la suie, substance que l'on trouve à sa disposition, qui est un poison pour tous les insectes, et éloigne par son goût les animaux dévastateurs.

Si vous ajoutez à cette immersion le pralinage dans de la poudrette bien criblée ou dans la suie, afin de sécher vos graines et de donner à la plantule plus de vitalité, vous aurez fait tout ce qu'il est humainement possible pour réussir.

Il est bien entendu que la graine n'a pas séjourné dans l'eau pendant un temps trop long, auquel cas elle serait pourrie, et que vous avez le soin de la semer après l'avoir passée dans la poudrette ou la suie.

La graine de Cotonnier, comme toute autre semence, parvenue à un certain degré de développement, c'est-à-dire, à ce moment où les cotylédons enveloppés dans la graine, de blancs qu'ils sont passent à la couleur verte, ce qui indique chez eux une plus grande vitalité, se désorganise alors par un séjour prolongé dans une trop grande humidité, par le manque de chaleur, et s'asphyxie en se développant, dans le cas où l'on a employé des fumiers non consommés.

Inutile de dire que si la graine préparée n'était pas mise immédiatement dans la terre, on doit la considérer comme perdue.

Les précautions sus-indiquées ont été prises; la graine, parfaitement choisie, vient de subir les préparations nécessaires pour être semée dans les meilleures conditions, il faut la confier à la terre ; nous allons nous occuper du semis.

Époque et mode d'ensemencement.

Vous avez eu le soin de travailler vos terres et elles sont aptes à recevoir la semence que vous leur destinez; il y a cependant un dernier labour à leur donner ; à quelle époque doit-on le faire, comment doit-on préparer le sol ?

Le climat dans lequel vous voulez cultiver le Cotonnier, doit être pris en considération. En thèse générale l'on doit donner le dernier labour et semer, lorsque le mûrier, qui a commencé à pousser, n'a plus ses feuilles brûlées par le froid, quand la vigne entre en végétation et que tout annonce la venue du printemps.

Si l'on nous demandait de fixer une époque invariable, nous répondrions aux personnes qui nous feraient le reproche d'avoir fixé un terme plus ou moins long : Que faites-vous lorsque vous cultivez en plein champ les pastèques, les melons, les tomates ou pommes d'amour, les courges, etc., etc.? ces plantes demandent autant de soins, nous dirons, sans hésiter, *plus* que le Cotonnier. L'époque à laquelle vous confiez ces semences à la terre est la même que celle où vous devez semer la graine du Cotonnier.

Rappelez-vous, cultivateurs, qu'un premier semis manque quelquefois, et qu'il faut le remplacer. N'en faites-vous pas autant pour le melon, la pastèque, la tomate et toute autre plante de ce genre?

L'inconvénient que nous venons de signaler, du ressemage des graines de Cotonnier, s'observe même dans les pays producteurs de Coton depuis longues années, il ne faut donc pas s'en étonner dans les climats où l'on voudrait introduire cette précieuse malvacée.

Un semis précoce peut souffrir de quelques gelées blanches, mais il est d'observation que la gelée blanche ne fait pas de mal au Cotonnier, tant qu'il n'est pas sorti de terre.

Observons, en passant, qu'il vaut mieux semer de telle façon, que la plante n'ait pas à souffrir du changement de température, et qu'elle continue son parfait développement.

En disant que les semis doivent se faire du 1ᵉʳ mars au 10 juin au plus tard, selon l'humidité de la terre, nous nous tiendrons dans la limite moyenne. Observons, toutefois, que le semis doit se faire plutôt dans les terres non arrosées et qu'on peut le retarder dans celles où l'arrosement étant à la disposition du propriétaire, l'on peut, ainsi, suppléer à la sécheresse des étés.

Quel est le mode d'ensemencement préférable?

Les uns prétendent qu'on doit semer la graine de Cotonnier à la volée, comme le froment, se réservant d'arracher, plus tard, les plantes qui sont trop rapprochées; d'autres pensent que le semis en lignes, espacé d'un mètre dans un sens et de 50 à 60 centimètres dans l'autre, est préférable. Dans ce dernier cas, nous engageons les cultivateurs à se servir du *semoir Saint-Joannis*. Ce semoir, que nous avons employé, et qui se trouve à Marseille, chez son inventeur, est d'un prix raisonnable; il permet de placer la graine ou les graines à telles profondeur et distance que le propriétaire juge convenable de donner, selon les qualités de terrain qu'on possède, ou les espèces de Cotonnier qu'on veut cultiver.

Le semis à poquet est préféré par un grand nombre de planteurs; ce mode d'ensemencement se fait à la main; on distance les plantes, de 40 à 50 centimètres dans un sens, et 1 mètre ou 1 mètre 50 centimètres, selon les terrains dont on dispose. On peut obtenir le même résultat au moyen du *semoir Saint-Joannis*.

Pour procéder au semis à poquet, on peut se servir du moyen indiqué par M. Hardy et qui consiste à tracer des lignes, dans le sens de la longueur ou de la pente des terrains, équidistantes d'un mètre. On

marque sur un cordeau, et l'on recommence en travers, en espaçant les lignes de 80 centimètres les
unes des autres; on marque le point d'intersection
des deux lignes; c'est à ce point qu'on creuse les
petites fosses, dans lesquelles on peut placer du fumier, à la condition de le laisser perdre son feu pendant une huitaine de jours, comme on le fait dans le
midi de la France pour les semis en pleins champs,
de melons, courges, pastèques, etc., etc. Dans le cas
où l'on aurait employé ce mode de fumure, il serait
indispensable de recouvrir le trou et de ne faire le
semis qu'à l'époque ci-dessus désignée.

Si l'on a fumé toute la terre précédemment, à
chaque interstice des lignes, on fait un trou dans
lequel on met 4 à 5 graines, sauf à enlever plus
tard celles qui seront de trop.

Quand l'on emploie ce mode de semis, il faut avoir
le soin de déposer la graine dans la terre fraîche,
c'est-à-dire de faire un trou après l'autre, et de faire
suivre l'ouvrier qui trace par le semeur. Par ce
moyen, la terre conserve toute son humidité, qui
tourne au profit de la plante.

On peut aussi tracer un léger sillon avec l'ar-
raire, et y placer les graines aux distances voulues; le
sillon sera immédiatement recouvert par le passage
de la planche.

De tous les modes d'ensemencements, nous pensons que le meilleur, quand il s'agit d'un grand

espace de terre, c'est le semoir que nous avons indiqué. Cet instrument a l'avantage de permettre au cultivateur de faire, en très-peu de temps, un semis considérable, la graine étant enterrée et recouverte par l'instrument.

Les graines de cotonnier doivent se recouvrir d'une petite couche de terre; nous avons observé que toutes les graines semées à une trop grande profondeur restent longtemps à germer et ne donnent jamais un bon produit.

Il est utile, dans certains terrains argileux ou forts, de mettre, au-dessus de la graine, du terreau ou du sable; ce procédé est en usage dans le midi de la France pour les semis de melons, de pastèques et autres plantes de ce genre.

Une fois que le semis est terminé, la graine reste plus ou moins longtemps à lever, selon la chaleur de la terre, la profondeur du semis et les circonstances atmosphériques. L'essentiel est de calculer son semis de telle façon que la plantule, en sortant, ne soit pas exposée à l'intempérie des saisons, car c'est une des principales causes qui obligent à ressemer.

Si les terres sont froides, c'est-à-dire si l'on a semé de trop bonne heure, il arrive que la germination ne se fait qu'au bout de quinze à vingt jours. Il faut savoir distinguer cette cause des autres, afin de ne pas s'exposer à semer de nouveau.

Règle générale : si on a eu le soin de semer les

graines dans une terre fraîche, de la couvrir légèrement, le semis doit sortir de six à dix jours.

Nous passons sous silence les moyens de faire germer la graine, soit par des procédés chimiques, soit
par l'échauffement produit en la mouillant et la ser-
rant ensuite dans un linge, ou tous autres.

Ces procédés sont exécutables puisque nous avons
obtenu ainsi des germinations très-remarquables ;
mais connaissant par expérience toute la peine qu'il
y a pour distinguer le moment précis du semis et sa-
chant que dans ce cas quelques minutes de retard
suffisent pour perdre la semence, nous ne conseil-
lerons jamais ces procédés qu'à des amateurs qui
voudraient faire des tours de force. Ajoutons que
les plantes ainsi obtenues sont beaucoup plus sensi-
bles que les autres aux variations atmosphériques et
demandent beaucoup plus de soin.

La transplantation des plantules nous a toujours
paru devoir se placer dans la catégorie des expériences ci-dessus relatées. Malgré dix ans d'études pratiques, nous ne pouvons partager l'opinion des personnes qui croient devoir employer ces modes de
propagation ; car, dans le midi de la France si l'on
transplante des plantes de Cotonnier et qu'on sème
le même jour, ce semis l'emportera en peu de temps
sur les Cotonniers transplantés.

La semence est confiée à la terre, l'on a pris toutes
les précautions possibles pour obtenir la réussite ;

attendons patiemment la levée des graines et ne faisons pas comme certains horticulteurs de notre connaissance, qui sont toujours à gratter les semis pour savoir où en est la germination.

Soins à donner aux plantes.

La terre commence à se soulever, les cotylédons apparaissent, bientôt la plantule va sortir du sol ; il arrive quelquefois dans ce cas que la terre s'étant endurcie et desséchée, la sortie des plantes ne peut avoir lieu. Cette observation s'applique à beaucoup d'autres semis ; l'on doit y obvier en enlevant la croûte qui s'est formée, soit à la suite de pluies ou d'autres circonstances.

Il faut procéder à cette opération avec la plus grande circonspection, car on pourrait tuer les plantules au lieu de les aider. Si l'on ne jugeait pas convenable d'avoir recours au procédé que nous indiquons, la plus grande partie des semis périraient misérablement, ou ne produiraient que des plantes vouées à une mort certaine; ce serait donc le cas de ressemer immédiatement.

Tout va pour le mieux ; les plantes sont sorties, les feuilles séminales apparaissent, deux ou trois sont déjà formées, c'est donc le moment de piocher ou de passer la houe à cheval. Inutile de dire qu'on doit le faire très-légèrement ; car, dans le cas contraire, on détruirait les plantes. Dans quelques endroits plus herbeux l'on doit faire précéder ce travail d'un sarclage.

Si vous avez de l'eau à votre disposition vous devez préparer les rigoles dans lesquelles vous la ferez passer. Que vous fassiez ce travail à la main, dans le cas où vous avez une petite culture, ou à la charrue si elle est grande, il n'en reste pas moins prouvé que vous devez disposer vos fossés de telle façon que l'humidité arrive à vos racines par *simple infiltration*. C'est vous dire qu'on ne doit pas arroser à plein les terrains complantés en Cotonnier et que les rigoles d'arrosage doivent toujours se trouver à une distance convenable de vos plantes.

Sarcler souvent dans le jeune âge, donner de petites façons, soit à la bêche ou à la houe à cheval, légèrement, en grattant seulement, tels sont les soins qu'on doit donner aux plantes jusqu'au moment où elles ont acquis tout leur développement.

Nous n'avons pas besoin de dire qu'on a eu le soin, tout de suite après le premier sarclage ou le passage de la houe à cheval, d'élaguer toutes les plantes mal venues et de ne laisser qu'un ou deux sujets, dans chaque poquet ou trou. Les distances à observer sont généralement 50 centimètres d'une plante à l'autre et 75 à un mètre dans l'autre sens; cela dépend des qualités de terrains et des espèces de Cotonniers.

L'arrosage que vous avez soin de donner, si vous le pouvez, a dû commencer dès le premier labour et se continuer plus ou moins souvent pendant le jeune âge de la plante, suivant les qualités du sol et l'état de l'atmosphère, en se rappelant que le *Cotonnier*, quoi qu'en disent certains auteurs, est plutôt *l'ennemi* que *l'ami* de *l'humidité*. La preuve en est qu'il prospère et donne de magnifiques produits dans des localités où l'on ne peut arroser, mais où le sous-sol conserve de la fraîcheur. Dans ces endroits, pour peu qu'il survienne quelques gouttes de pluie, l'on obtient des récoltes remarquables et des cotons d'excellente qualité.

Dans les cas où l'on ne peut arroser le Cotonnier, l'on doit avoir recours plus souvent, soit au piochage, soit à la houe à cheval ; en ayant le plus grand soin de donner des labours *très-légers*, de peur de détruire les racines traçantes qui, selon nous, sont les plus utiles à la plante, et de faire pénétrer dans le sous-sol les rayons solaires qui dessèchent la terre en pure perte.

Nous avons peut-être oublié de dire qu'on doit préserver les plantations de Cotonnier des grands vents et des changements subits de température, en plaçant dans le champ, de distance en distance, soi des haies de maïs ; de canne à sucre de la Chine, dite sorgho sucré ; d'imphy ; de sorgho à balais, ou autres plantes de ce genre, qui ont l'avantage de couper le vent. Celui-ci arrivant directement sur les plantes brûle souvent les feuilles et retarde ainsi la floraison, et plus tard la récolte.

Il est inutile de dire que les plantes enlevées par le sarclage ne doivent jamais rester sur le champ, mais qu'on doit les fait servir à la nourriture des animaux ou à la confection des fumiers, si elles ne sont pas comestibles; à moins toutefois qu'on ne préfère les enterrer dans les allées.

Ne suivez pas les préceptes de certains planteurs qui sont d'avis de laisser un espace plus grand entre les pieds du Cotonnier pour y cultiver du manioc, du maïs, du salep, etc. Ce procédé n'a jamais donné de bons résultats. Nous avons vu réussir des plantations de pommes de terre et de haricots, première saison, en même temps que les Cotonniers, dans des terrains arrosés et non arrosés; mais nous croyons être dans le vrai en laissant à chaque plante la nourriture qu'il lui convient de prendre. Qu'on fasse des champs de Cotonniers, de pommes de terre, de maïs, etc., rien de plus juste, mais, surtout, pour la culture du Cotonnier, évitons cette promiscuité.

Nos champs ont prospéré, les plantes ont acquis déjà 50, 75 centim., 1 mètre et plus, selon la qualité du Cotonnier; devons-nous, comme le proposent divers agriculteurs, couper la cime de nos arbustes pour refouler la séve dans le tronc et donner ainsi à nos plantes plus de force pour avancer la floraison?

La question est grave : nous avons vu par nous-même des cas dans lesquels ce procédé a parfaitement réussi pour les Cotonniers Géorgie longue-soie; cela dépend surtout de l'arrosement des plantes et de leur vigueur. Nous croyons devoir poser en règle générale, que, dans les cas d'arrosement, surtout pour le Cotonnier Géorgie longue-soie, ce procédé est indispensable.

Pour le mettre en pratique, l'on doit attendre que les branches secondaires qui naissent à l'aisselle de chaque feuille, aient acquis un certain développement, et l'on doit couper de la flèche la seule partie herbacée, c'est-à-dire celle dont le bois n'est pas veiné ou pointillé de brun; au reste, chacun doit essayer chez soi, selon les circonstances, les années et mille petits détails, dans lesquels on ne peut entrer sous peine de réduire le cultivateur à la position d'une machine agissante; car, toutes les fois que l'homme ne veut pas appliquer ses facultés intellectuelles à l'étude de la nature, il en est réduit à l'état de machine, et, dans ce cas, il ne réussira jamais que par hasard.

Nos Cotonniers sont couverts de branches dans toutes leurs parties, ils sont parfaitement arrondis, et déjà quelques fleurs apparaissent à l'aisselle des feuilles; ne serait-ce pas le cas de pincer l'extrémité des branches pour faire nouer les fleurs?

Répétons ce que nous avons dit plus haut : les proticiens qui cultivent dans des terres fécondes, beaucoup fumées, considérablement arrosées, vous diront qu'on doit écimer toutes les branches; nous avons vu un beau résultat de ce procédé sur des Cotonniers Louisiane blancs; mais les plantes étaient cultivées dans un jardin, et l'on ne peut compter sur de pareilles éducations.

L'on doit surveiller ses plantations et arrêter ses arbustes dans tous les cas où ils l'emportent en bois.

Soyez impitoyables pour les repousses des pieds de quelque nature qu'elles soient, coupez-les dès leur apparition; car elles ne servent qu'à épuiser la plante.

Nos arbustes sont devenus de charmants bouquets de fleurs. Il est inutile de dire que nous avons eu le plus grand soin de semer chaque espèce de graines séparément; car, si nous l'avions oublié, nous aurions le regret de récolter des cotons bâtards qui n'auraient aucune valeur.

Parvenus à ce point, les cotonniers ne doivent plus s'arroser, sans quoi vous prolongerez indéfiniment les floraisons et vous obtiendrez peu de gousses mûres, la trop grande humidité étant une des causes de la non maturation du coton.

C'est à ce moment, si vos plantes sont en retard, que vous devez écimer, afin de concentrer sur les branches latérales la sève de vos arbres, ce qui, nécessairement, fera mûrir plus tôt les capsules au détriment de la qualité du coton; mais, dans certaines années pluvieuses, l'on est obligé de recourir à ce moyen.

La floraison du Cotonnier a lieu environ soixante-quatre à soixante-dix jours après son semis; nous disons environ, car il est impossible de préciser parfaitement l'époque, qui dépend, en partie, de la température ambiante et des soins donnés à l'arbuste. Aux États-Unis, la floraison dure, de la seconde quinzaine du mois de mai à la fin de juin.

Dans certaines espèces de Cotonniers, le Géorgie longue-soie, par exemple, les pétales de la fleur sont jaunes avec une grande macule rouge-brun à leur base; elles durent deux jours environ; au deuxième, les pétales se colorent en rouge violacé et tombent dans la nuit.

Le Coton Louisiane blanc a la fleur soufre-clair, sans macule. Plusieurs autres espèces ont des couleurs plus ou moins dissemblables; le mélange des pollen n'en serait-il pas la cause?

Dès que les Cotonniers sont en fleur, tout sarclage devient inutile; l'on doit avoir pris ses précautions à ce sujet. Si l'on outre-passait cet ordre, nombre de fleurs tomberaient, car, dès qu'on les touche, elles sont perdues et périssent. Les capsules déjà formées se trouvent dans le même cas.

Il est d'observation que les récoltes sont d'autant meilleures que la floraison a été plus précoce; cette remarque a été faite dans tous les pays producteurs de Coton et sous quelque latitude qu'ils soient placés.

Terminons en rappelant à nos lecteurs que l'on doit cesser tout arrosage dès que la floraison commence et que, sauf de très-rares exceptions, l'humidité doit être éloignée des cultures de Cotonniers parvenus à cette période de leur existence.

CHAPITRE III

A QUELLE ÉPOQUE LE COTON EST-IL MÛR ? — COMMENT DOIT SE FAIRE LA RÉCOLTE ? — LE COTON PEUT-IL MÛRIR HORS LA PLANTE ?

> L'homme c'est l'intelligence, l'intelligence, c'est le progrès ; mais le progrès indéfini, poursuivant ses conquêtes au de là même du probable et assujettissant en quelque sorte la nature à ses volontés.
>
> A. Pellicot.

L'on ne peut assigner une limite exacte à la maturation des gousses du Cotonnier.

Dans les Etats-Unis, elle a lieu du 1er octobre au 30 novembre, selon la plus ou moins grande précocité de la saison.

En Egypte, la maturation commence fin août ou commencement de septembre.

Les capsules mûrissent cinq mois, environ, après l'ensemencement en Algérie.

Aux Antilles, si la saison est favorable on peut commencer la récolte, sept à huit mois après la plantation, et six à sept après la taille des vieux pieds ; soit la première cueillette du premier janvier au quinze février, et la deuxième dans le courant de septembre.

Si nous parlions de la Guyanne? nous dirions qu'on peut commencer la première récolte mi-octobre, et la deuxième fin février.

L'Espagne commence sa cueillette dans les derniers jours de septembre.

En Chine, on récolte le coton *quarante jours* après la *floraison* de la plante.

Dans la Sicile, si l'on en croit M. GIOVANI BARTOLO (1) : «Sur les collines arides sans arrosement, l'on commence à trouver des capsules ouvertes à la fin du mois d'août et la récolte se termine dans les premiers jours d'octobre.

« Les terrains de qualité médiocre et en plaine, commencent leur récolte vers le 15 septembre pour la terminer dans les premiers jours de novembre ; les terrains humides et marécageux donnent leurs produit au mois d'octobre.»

M. le comte DE SAPORTA, propriétaire très-instruit, a récolté en 1863, dans ses terres du département du Var, du Coton Géorgie longue-soie, ayant mûri dans *quatre mois*, à partir du *jour* du *semis*.

Le marquis de FOURNÉS (2), dans les études sur la culture du Cotonnier, faites en 1863, dans ses pro-

----

(1) *Della coltivazione del cotone secondo le antiche pratiche di Terra-Nova in Sicilia,* per Giovani Bartolo. 1864.

(2) Rapport sur les cultures de Cotonniers essayées à Remoulins et à Saint-Privas (Gard). — Société impériale d'acclimatation. 5 février 1863.

priétés du département du Gard, a commencé la récolte fin septembre et commencement d'octobre.

Quant à M. Félix Sahut, horticulteur à Montpellier, il a commencé sa cueillette dans les premiers jours du mois d'octobre.

Capsule du Cotonnier Géorgie longue-soie, commençant à s'ouvrir naturellement sur la plante. En cas de pluie, on peut l'enlever, et elle s'ouvrira parfaitement. C'est ainsi qu'on les cueille dans diverses contrées.

Quelque soit l'époque de la maturation des gousses, il est indispensable de reconnaître à quel signe on peut se préparer à la récolte, car il faut se précautionner de femmes et d'enfants, en nombre suffisant pour qu'aucune silique ne se perde. En Algérie, une *femme* et un *enfant* suffisent à la *récolte d'un hectare*.

Les gousses sont parfaitement mûres quand elles s'ouvrent en trois ou quatre parties, selon les qualités. Il faut que le Coton s'échappe de la silique, ou cède à la main sans aucune espèce d'effort; c'est alors le moment de recueillir le précieux duvet.

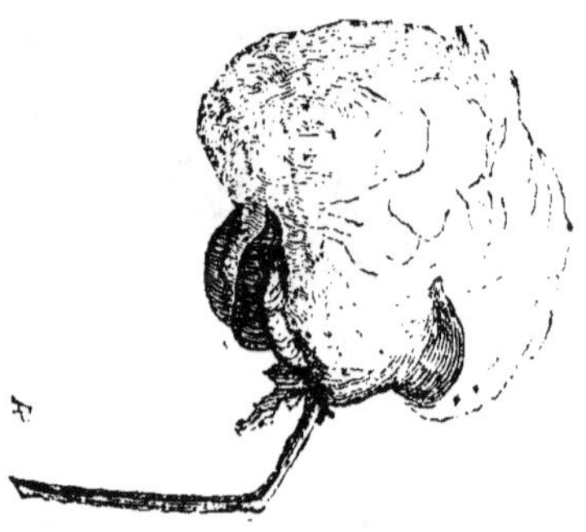

Capsule du Cotonnier Louisiane blanc, dans son état parfait de maturation. Le duvet s'échappe de la capsule et on doit le récolter. — Il suffit de tirer légèrement le duvet avec les doigts, et le Coton vous reste à la main. C'est le Coton le plus beau et le meilleur.

La récolte du Coton dure longtemps, car les capsules s'ouvrent peu à peu. Nous avons fait observer précédemment, qu'elles doivent s'ouvrir largement et que la majeure partie doit s'échapper en dehors, mais cependant on ne doit pas attendre trop longtemps, car si le Coton touche le sol, il se salit et perd de son prix.

Passer et repasser dans le champ, si la saison est très-chaude, à trois ou quatre jours d'intervalle, et même tous les huit jours selon la température ; tel est le travail que doivent faire les femmes et les enfants employés à cette récolte.

Voulez-vous recueillir le Coton ? Saisissez avec les doigts le duvet s'échappant de la capsule, placez-le

Capsule du Cotonnier Siam blanc, ayant laissé sur la plante le Coton parfaitement mûr.

dans des sacs en *toile* suspendus au cou des personnes chargées de la cueillette, ou dans des paniers ou autres, de façon à ce que rien n'altère sa pureté, il est même urgent d'avoir un sac particulier, pour placer le Coton sali par son contact avec le sol. Si le duvet offre quelque résistance, on maintient la capsule de la main gauche, et, allongeant les doigts de

3.

la main droite, on saisit le duvet tout en écartant avec soin les objets qui pourraient le salir.

Il est urgent de placer le coton dans des sacs ou corbeilles, de façon à ce qu'il ne soit pas tassé, car dans ce cas, il perd de sa valeur et peut, s'il y a des graines à l'état laiteux, se tacher de telle façon qu'il serait complétement déprécié.

Les sacs ou paniers étant pleins, on les vide au bout du champ sur des draps, et le duvet se transporte à la ferme. Il serait préférable d'avoir assez de sacs pour les charger.

Si l'on commençait la récolte du Coton de trop grand matin, l'on aurait tort, car ce duvet craint l'humidité, il est donc urgent de laisser passer un certain temps, afin que le soleil ressuye l'humidité de la nuit. Indiquer l'inconvénient, c'est y apporter remède.

Le temps devient-il pluvieux, l'on doit cueillir toutes les capsules entr'ouvertes, sauf à les faire ouvrir plus tard à une douce température.

Tout le talent des personnes employées à la récolte du Coton, consiste à le préserver du contact de corps étrangers qui peuvent se feutrer avec lui, altérer sa blancheur et son éclat, produisant ainsi un déchet plus ou moins grand.

Il est aisé de comprendre que le Coton se trouvant mélangé avec des feuilles, des débris de siliques, du sable et autres objets, perd une grande partie de sa valeur, puisqu'il oblige le fabricant à des travaux subséquents, longs, pénibles, et qui, en définitive, lui font trouver de la perte, là où il devrait y avoir du bénéfice.

Le Coton transporté à la ferme doit s'étendre sur des claies (1) en roseaux, rotin, etc., afin que l'air passant en dessous le sèche complétement. La moindre humidité jointe à celle des graines qui y sont contenues, tache non-seulement le duvet, mais encore l'échauffe et lui fait perdre de sa qualité.

Dans certain cas, la fermentation du Coton a été cause de graves incendies.

Si l'on ne possédait des locaux assez grands pour faire sécher le Coton à l'abri, mieux vaudrait l'étendre sur des claies et les rentrer chaque soir avant le coucher du soleil, comme c'est l'usage dans le midi de la France, pour les figues et les raisins qu'on fait sécher. Ce serait un travail, mais il vaut encore mieux prendre cette peine que de perdre la récolte.

En cas de pluies persistantes, les claies restent dans la maison, mais il faudrait faire du feu dans l'appartement, attendu qu'il est urgent de sécher le Coton au plus tôt.

Quand vous êtes assurés que le Coton est parfaitement sec, vous pouvez l'enfermer dans tout local à

______

(1) Les personnes qui possèdent des magnaneries réunissent les meilleures conditions, et peuvent tirer parti de ce local qui se trouve inutile à cette époque.

l'abri de l'humidité et des rats, car cette gente maudite, se délecte en mangeant les graines du Cotonnier, et pour arriver à cette fin, ils perdent et salissent le duvet.

Inutile de dire que le Coton doit être isolé du plancher et des murailles par l'interposition de nattes ou de planches.

C'est bien, diront quelques-uns de nos lecteurs, vous voulez que le Coton soit parfaitement sec quand nous l'enfermerons, et vous passez sous silence le moyen de reconnaître quand et comment le précieux duvet acquiert cette qualité ?

Qu'à cela ne tienne ! le procédé est simple.

Vous savez que lors de la récolte les graines sont mélangées au Coton, eh bien ! prenez en quelques-unes au hasard, placez-les sous vos dents ; si elles craquent parfaitement, votre coton est sec, mais pour peu qu'elles cèdent sous la dent, vous devez continuer à faire sécher le duvet. Vous voyez que le procédé n'est pas difficile à mettre en pratique, et nous présumons qu'il n'a été pris aucun brevet à son égard.

Nous avons dit précédemment que la récolte du coton dure longtemps ; elle se prolonge plus ou moins selon la température de l'air et l'état de l'atmosphère. Lorsque le temps devient tout à fait mauvais, l'on doit arracher les plantes après les premières gelées. Si l'on a le soin de les tenir suspendues, comme nous avons l'habitude de le faire dans le midi de la France, pour les plantes de tomattes ou pommes d'amour, l'on peut continuer dans sa maison une récolte qui pourrait se perdre dans le champ.

En Sicile, d'après M. Giovani Bartolo (loco citato) :

« Dans les terres marécageuses, quand on s'aperçoit que les froids sont arrivés, on tire la plante droite, et on la laisse ainsi sur place ; par ce moyen les racines étant naturellement coupées, les plantes ouvrent leurs capsules, malgré la pluie, pourvu qu'il fasse un jour de soleil. »

M. le comte de Saporta, parlant à la Société d'horticulture de Marseille, de ses études pratiques sur la culture du Cotonnier Géorgie longue-soie, études faites dans sa propriété du département du Var, s'exprime ainsi :

« Les gousses ont supporté toutes les pluies de cet automne (1863), ainsi que les quelques gelées du commencement de l'hiver (15 décembre). Les pluies n'ont pu altérer la qualité du Coton renfermé dans les gousses, car elles ne s'ouvrent qu'au soleil et restent fermées pendant les gelées.

« Les plantes mortes par ces gelées supportent encore les gousses fermées et contenant le Coton mûr et à l'abri des causes qui peuvent le détériorer. »

Nous avons maintes fois, reconnu dans nos cultures, la véracité des assertions de notre honorable collègue.

Les mauvais temps sont arrivés, la pluie est incessante, les froids rigoureux vont donc nous prouver que l'hive rapproche ; cependant nos Cotonniers sont couverts de siliques ; doit-on les laisser perdre ou peut-on en retirer un profit? Telle est la question qui se présente à nous.

Des études auxquelles se sont livrés les praticiens, de quelques pays qu'ils soient, il conste que : les capsules du Cotonnier arrachées aux pieds mères, placées sur des claies et soumises à un température qui ne doit pas s'élever beaucoup au-dessus de 15 degrés centigrades, ouvrent parfaitement leurs siliques. Les premières ouvertes donnent du Coton aussi beau que celui qu'on retire des champs, mais il n'en est plus de même du dernier. Nous expliquerons dans un chapitre subséquent la cause de ce déchet. Il est donc indispensable de mettre à part le Coton récolté dans les premiers temps et celui qui s'ouvre plus tardivement.

Nous avons dit que la chaleur artificielle du local dans lequel on enferme les siliques pour les faire ouvrir, ne doit pas s'élever à plus de 15 degrés. Les expériences que nous avons faites à ce sujet, nous ont démontré que dans le cas où l'on voulait outre-passer 20 degrés de chaleur artificielle, le Coton obtenu se trouve de mauvaise qualité et impropre aux usages auxquels on le destine; mais les capsules s'ouvraient plus vite, ce qui explique l'imperfection de leur contenu.

1. Capsule du Cotonnier Louisiane blanc, non parvenue à maturité, ouverte par une température artificielle — 2. Capsules du Cotonnier Géorgie longue-soie, très-éloignées de leur maturité, ouvertes par une forte température artificielle. L'on est obligé d'égrener à la main, et le Coton ne vaut rien.

Une trop haute température fait ouvrir même les capsules dont le Coton n'est pas parvenu à maturité, les graines qui y sont contenues, se trouvant à l'état laiteux fermentent et détériorent la fibre du Coton.

Dans les pays où les inondations sont à craindre et dans les cas où des pluies continuelles empêchent les gousses de s'ouvrir, on doit, comme on le fait à l'île de Chypre, cueillir les capsules entr'ouvertes et les soumettre au procédé de chauffage ci-dessus indiqué. S'il s'agit d'endroits inondés, comme dans l'île de Chypre, pour faire ouvrir les capsules, on les expose au soleil sur des terrasses.

Le Coton ainsi récolté est inférieur à celui extrait des siliques tenant à la plante, on comprend qu'en arrachant la plante avec tout son contenu, il reste dans les racines et les branches, une quantité de sève suffisante, pour nourrir et mener à bien les capsules qui sont au trois quarts mûres.

Nous avons répété bien souvent l'expérience, et il nous est démontré qu'en suspendant les plantes entières dans une écurie, par exemple, plus des trois quarts des capsules s'ouvrent successivement, en donnant du Coton d'excellente qualité, les experts en cette matière ne pouvant le distinguer de celui qui a été recueilli sur la plante.

Quant au Coton extrait par force, des dernières capsules, il pourrait encore avoir un prix si l'on avait le soin de le séparer immédiatement des graines ; mais ce travail ne peut se faire qu'à la main, attendu que les machines, dans ce cas, détériorent complétement le Coton en écrasant les semences. Le profit compenserait-il la dépense? Nous laissons à d'autres le soin de répondre à la question.

CHAPITRE IV.

> Il en est des plantes comme des hommes, pour les
> élever et les bien diriger, il faut les connaître.
>
> A. DE SAINT-HILAIRE,

Dès que la graine du Cotonnier a poussé ses cotylédons hors du sol, plusieurs maladies peuvent l'attaquer.

Quelques-unes sont dues aux influences de la température qui, en s'abaissant jusqu'aux environs de
zéro, tue les jeunes plantes et oblige de resemer les
champs ; plus tard l'abaissement de la température
tombant à une certaine limite, produit la cloque, et
dans un âge plus avancé la chute des feuilles, des
fleurs et des fruits. Le binage du pied des plantes
est le seul moyen de leur donner plus de vigueur.

La pluie cause aussi de grands dommages, quand
elle est trop abondante ; au moment du semis elle
pourrit la graine et les plantules ; dans l'âge adulte.

l'étiolement des arbustes en est la conséquence.

Quand les mauvais temps empêchent les graines de végéter, la pourriture s'en empare, plus particulièrement si déjà elles ont été soumises à un commencement de germination; car, la graine sèche déposée dans le sol et qui a subi seulement un gonflement convenable, sans avoir encore percé son enveloppe, craint beaucoup moins les influences extérieures de la température.

Les pluies froides survenant lorsque les plantes ont acquis un certain développement, occasionnent de graves perturbations dans sa vie et déterminent même sa mort.

Si la pluie vient au moment de la floraison, elle fait couler les fleurs et occasionne plus tard la chute des capsules. Dans les cas où elles commencent à s'entr'ouvrir, la pluie entraine sur le Coton une matière colorante qui le salit et le détériore.

Les vents impétueux froissent et dessèchent les feuilles et font tomber les fleurs et les capsules. Il faut donc le couper par le semis de plantes assez élevées pour l'empêcher d'arriver sur le champ avec toute la fureur.

Dans les cas où des ouragans ébranlent le pied des Cotonniers, comme il arrive souvent en Amérique pour le Cotonnier en arbre, l'on doit rechausser et buter les plantes qui ont été ébranlées.

Le voisinage des grands arbres est une cause de

maladie et l'on doit l'éviter en se rappelant que le Cotonnier aime le soleil.

Nous trouvons, dans un excellent ouvrage (1) publié récemment par M. G. Devincenzi, président de la commission royale, la description de quelques maladies qui ont attaqué le Cotonnier en Italie, dans l'année 1864, nos lecteurs nous sauront gré d'esquisser la traduction de ce qui peut leur être utile à ce sujet.

M. Guastalla (Antonio), de la province de Noto, a vu ses plantes envahies par une maladie appelée *miel* dans le pays. Nous regrettons qu'il n'y ait pas de renseignements plus précis à cet égard, tout ce que nous en savons, c'est que cette maladie s'est développée sur des plantes de Cotonniers Siam blanc non arrosés.

Dans la commune de Naples la Compagnie royale instituée pour l'encouragement de la culture du coton a observé les maladies suivantes :

« La *podagre* vulgairement appelée *pelagre* parce que cette maladie attaque la plante juste au pied. Elle s'est manifestée vers la fin de juin et au commencement de juillet.

« Il apparut sur le bois de la plante à la hauteur

(1) *Prima esposizione dei Cotoni italiani* (1864). *Memorie e relazioni intorno la coltivazione del Cotone*. Part. I, Torino, 1864.

de douze centimètres au-dessus du sol, comme une petite tache jaune brun, cette tache noircit peu à peu et s'élargit en formant presque un anneau autour du bois.

« En supposant que la plante, atteinte de cette maladie survécût quelque temps, elle ne pourrait porter ses capsules à maturité attendu qu'elle meurt dès les premiers temps de sa fructification.

« Comme l'on a observé qu'il est sorti du collet parfaitement sain de quelques-unes de ces plantes malades, des rameaux assez vigoureux, on croit qu'en coupant les tiges infectées, la partie développée en dessous pourrait donner, plus tard, une fructification utile.

« La *podagre* est une maladie *sporadique* et ne porte pas préjudice aux autres plantes. »

Le professeur GASPARINI qui a emporté des plantes pour examiner cette maladie a trouvé ces bois viciés par le même *cryptogame* qui accompagne l'*oïdium* de la vigne et il a présenté à cet égard un mémoire à la Société d'encouragement.

« Il est à remarquer que les plantes de coton *Siam* ont seules été atteintes de la *podagre*, sans que celles de *Louisiane* ni de *Géorgie* en aient eu la moindre trace.

« La seconde maladie observée par la même Société, est le *mal provenant des brouillards produits par les vents de mer*. Ce mal est plus grave que la *podagre*, parce qu'il attaque toute la plantation, surtout dans les mois de juillet et d'août, quand la végétation est bien avancée, et qu'il envahit les feuilles, les jeunes rameaux et les premières gousses. Les organes infectés se putréfient, puis deviennent noirâtres et tombent quand on les touche.

« Pour défendre les plantes de Coton du vent de la mer, les agriculteurs les entourent et interposent entre elles des rangées de plantes du *ricin* (*Ricinus communis*). Il paraît que cette précaution réussit dans le pays.

« Ce mal DES BROUILLARDS a très-fortement attaqué le Coton *Siam* et très-légèrement le *Géorgie*; quant à celui de la *Louisiane*, il a subi un très-petit dommage. Ce fait confirmerait l'opinion générale qui admet que cette dernière variété est celle qui est la plus apte à végéter au bord de la mer. »

Nous avons vu la maladie ci-dessus indiquée dans notre propriété de Vitrolles, sur des collines éloignées de la mer; nous pensons que le meilleur remède est de couvrir le champ de *fumée*, en allumant des *feux* autour, de façon à ce que le vent emporte la *fumée* sur la plantation; c'est par ce moyen qu'on préserve du *coulage* les récoltes de *céréales* dans les pays ou les brouillards sont fréquents.

Les brouillards que nous avons observés étaient très-épais et avaient une odeur *spéciale*, ce qui arrive quelquefois dans certaines localités et à certaines époques de l'année.

M. Giovani di Bartolo a observé en *Sicile*, à *Terra-nova*, une espèce de *cryptogame* dénommé la dessication aux pois. *La suzura o pece.*

« Ce sont des *taches noires* sur les feuilles avec *des points blancs.* L'auteur pense que cette maladie provient du *brouillard* ou d'une *humidité excessive* Les plantes, très-tendres, en sont généralement atteintes de préférence et surtout le Coton cultivé sur les coteaux ou collines. Si vous pouvez donner un arrosage, le remède produit une certaine perturbation de la plante et chasse la maladie.

« Un ou plusieurs petits labours avec la houe, donnés à petits coups pour faire de la poussière et cela promptement au début de la maladie, et tous les quatre jours, suffit pour l'arrêter et même la guérir.

« De toute façon, quand le mal ne se développe pas trop, il ne produit pas un grand tort, témoin les plantes chargées de fruit, qu'on voyait à l'exposition d'Italie. Ces plantes étaient couvertes de petits animaux blanc vert comme de gros grains de sable et les feuilles, dit l'auteur, suent de leur propre humeur. »

M. Giovani di Bartolo nous semble confondre deux maladies bien distinctes, l'une due à l'influence de la température et l'autre aux kermès qui envahissent les plantes du Cotonnier.

L'auteur de l'ouvrage dont nous nous entretenons a vu, rarement, des petites verrues *mascone*, que ce savant a été le second à observer.

« Cette maladie consiste dans un gonflement ou accroissement de la racine étranglée dans un terrain sec, très-argileux et mal préparé, l'on voit cette maladie seulement dans les terres non arrosées.

L'observateur a trouvé un ver dans le gonflement épaissi, il l'attribue à l'humeur chancreuse et gâtée. Il a vu mourir instantanément des plantes adultes et couvertes de capsules.

Nous pensons que l'honorable M. Bartolo prend l'effet pour la cause ; le ver qu'il a trouvé est la cause de la maladie, c'est un *cossus* qu'on rencontre dans beaucoup de plantes, et dans certaines localités, nous l'avons observé souvent. La perforation du collet de la plante produite par cet animal, perforation qu'on observe dans certaines conditions qui sont précisément celles qui attirent la femelle du *cossus* et l'engagent à déposer ses œufs, produit le gonflement du collet et la mort instantanée de la plante.

L'on pourrait aussi rencontrer dans cet étranglement la larve du *botriche capucin*.

ANIMAUX NUISIBLES AUX COTONNIERS. — MOYEN DE LES EN PRÉSERVER.

Tous les auteurs qui ont décrit les insectes nuisibles aux Cotonniers, sont d'accord avec l'ouvrage (1) de M. de Rohr, à tel point qu'on dirait leurs travaux, calqués sur celui de cet agriculteur distingué. Nous prendrons la liberté de nous éloigner un peu des terrains battus et de nous tenir au courant de la science moderne.

Le *grillon* est un des insectes qui sont les premiers à porter atteinte à la végétation du Cotonnier. Il cause de graves dommages à la plantule, à peine sortie de terre ; aussi, doit-on avoir le soin de détruire les petites mottes de terre dans lesquelles il se remise, et, le cas échéant, il serait utile de lui préparer des abris factices ; tout le monde sait que le grillon craint la grande chaleur, et se remise alors sous les mottes ou des tas d'herbe, c'est alors le moment de les enlever et de détruire les grillons.

Pour la *courtillière*, l'on doit rechercher son trou,

(1) *Observations sur la culture du Coton*, rédigées par ordre de S. M. le roi de Danemark, pour l'utilité des colonies danoises dans les Indes occidentales, par M. J.-P.-B. de Rohr, etc., avec une préface de M. le Dr Philippe-Gabriel Heusler, etc.; traduit de l'allemand. — Paris, imprimerie et librairie de madame Huzard, rue de l'Éperon, 7. 1807.

dans lequel on fait pénétrer de l'huile de *schiste*, du *coaltar*, ou de l'huile de *pétrole*.

Le *lapin*, le *lièvre*, les *rats des champs*, les *brebis* et les *chèvres* sont dans nos pays les ennemis jurés du Cotonnier. Nous avons vu chez nous de grandes surfaces de terrains, couvertes de plantes d'une belle venue, complètement dévastées par les lièvres et les lapins.

Quoiqu'en disent quelques auteurs, la *brebis* ne dédaigne pas de manger les plantes de Cotonnier ; mais c'est par dessus tout, de la *chèvre*, du *lapin* et du *lièvre*, qu'on doit se garer.

Des écrivains prétendent que ces rongeurs produisent peu de dégâts ; sans aucun doute, les auteurs qui parlent ainsi, n'ont vu les races *lapine* et *léporine* que sur les tables, où elles figurent avec avantage ; nous sommes loin de le leur contester, mais il n'en est pas de même de l'agriculteur, qui met son temps et son argent dans l'espoir d'obtenir un produit rémunérateur de ses sueurs et de ses avances, et qui se voit privé, dans une ou deux nuits, du fruit de ses labeurs.

Le lapin et le lièvre font d'autant plus de mal, qu'ils parcourent de grands espaces de terrains pendant la nuit, et que, malgré tous les soins et les aguets des braconniers les plus retors, ils trouvent le moyen d'endommager les récoltes. C'est en vain que vous vous tenez à l'affût, que vous répandez sur le sol des déjections alvines, ce qui est encore un des meilleurs moyens de les éloigner, mais pour peu que l'odeur s'en soit évaporée, ils reviennent à la charge.

Les *barriques* des vidanges répandues sur le sol, et le *coaltar*, résidu produit par la distillation de la houille, ayant formé le gaz d'éclairage, sont les meilleurs moyens pour se délivrer de ces animaux, mais il faut faire bonne *garde*, car dans une seule nuit ils causent d'immenses dégâts.

N'oublions pas, parmi les ennemis à redouter pour les jeunes Cotonniers, les *fourmis*.

M. Pelouze, père, dans son ouvrage (1), dit que dans les Antilles, il existe une espèce de fourmi, qui en est très-avide, nous le croyons d'autant mieux, que nous avons observé le même effet produit par les fourmis d'Europe.

Si les fourmilières sont établies dans les champs, auquel cas il est facile de s'en apercevoir en suivant leurs traces, on doit, dès qu'on connaît l'entrée du trou, y répandre de l'huile de schiste, qui vous débarrassera de ces hôtes incommodes; mais ce ne sera que momentanément. Si l'huile n'a pas pénétré pro-

---

(1) *Exposé complet de la culture du coton aux Antilles*, précédé d'un aperçu de cette culture aux États-Unis d'Amérique, et de considérations préliminaires sur la similitude de climat et sur l'opportunité des cultures torridiennes dans la ci-devant régence d'Alger, etc., par M. Pelouze père. — Paris, 1838.

fondément, les fourmis ne rouvriront pas leur trou
au même endroit, mais elles peuvent creuser dans
un lieu plus éloigné, c'est donc à vous de les surveiller.

L'odeur de l'huile de schiste et de pétrole est une
de celles que les fourmis craignent le plus. S'il s'agis-
sait de fourmis errantes, on peut s'en débarrasser au
moyen du jus de pruneaux, les assiettes le contenant
seront littéralement jonchées de fourmis engluées.
Rien n'est plus aisé que de s'en débarrasser.

Puisque nous nous sommes transportés aux Antilles, disons un mot du *gécarcin*, appelé aussi vulgairement tourlouroux, crabes peints, crabes de
terre, crabes violets ou de cérique.

Que ce crustacé soit rouge aux Antilles, *gécarcin
tourlourou*; que celui des îles Saint-Thomas, ait une
couleur jaune-rougeâtre et s'appelle *gécarcin Lour-
reau*; que celui de Cayenne soit d'un blanc jaunâtre
un peu verdâtre, et porte le nom de *gécarcin fouis-
seur*, il n'en restera pas moins démontré que cet animal est un des ennemis des plantations de Cotonnier et qu'au moyen de ses pinces il coupe les
plantes tant que leur pied n'est pas ligneux.

Dans le cas où l'on trouve dans son champ un ter-
rier de ces animaux, il faut employer le procédé décrit par M. DE ROUR, et qui consiste à prendre un
poignée d'herbes un peu longues, qu'on entortille
comme pour faire un bouchon, et qu'on enfonce dans

le trou avec un bâton, le crabe cherchant à se débarrasser de cet obstacle, casse ses pinces et meurt, ce qui n'arriverait pas si l'on bouchait le trou avec une pierre, car dans ce cas, il trouerait à côté.

Nous éprouvons quelque hésitation à compter les *mygales aviculaires*, ou autres, au nombre des ennemis des Cotonniers, cependant, si nous en croyons MM. DE ROHR, PELOUZE, père, et autres, cette araignée causerait du dommage aux plantes de Cotonniers, en sortant la nuit du trou qui lui sert de domicile, pour couper tout ce qui se trouve autour de son habitation. Le seul remède est un labourage à la houe.

Le *bostriche capucin*, désigné par M. DE RHOR sous le nom d'*apate monacus*, est un insecte coléoptère dont les larves vivent sous les écorces des arbres ; elles sont molles, courtes et arquées ; leur corps est composé de douze anneaux, les trois premiers portent six pattes écailleuses ; la tête est armée de deux mâchoires fortes et tranchantes avec lesquelles elles réduisent le bois en poussière.

Cet insecte, dans son état parfait, dépose ses œufs dans la tige et les branches du Cotonnier. Son développement et la larve qui en provient sont les causes de la mort de la tige et des branches attaquées.

Dans nos climats, le *cossus-gâte-bois*, lépidoptère nocturne, dont le papillon dépose ses œufs dans l'intérieur des arbres et arbustes et dont les chenilles unes vivent à l'intérieur des bois, cause les mêmes dégâts.

Le seul remède est de découvrir le trou fait par ces deux insectes, ce qui se reconnaît, soit aux déjections alvines qui en sortent, qu'on trouve répandues sur le sol et toujours au même endroit, soit en sondant les branches qu'on suppose attaquées de la maladie. Dès qu'on sait le point malade, il faut le boucher avec de la cire pour le *bostriche*, et dans le cas de *cossus*, l'on fait pénétrer un morceau de bois qui détruise la larve sur place, en ayant soin ensuite de boucher le trou avec de la cire à greffer. Dans le cas où l'on ne pourrait parvenir à détruire l'insecte, il faut le rechercher ou sacrifier la branche.

Plusieurs espèces de *chenilles* attaquent les Cotonniers. Les unes travaillent souterrainement et mangent les racines ou leur collet, comme elles le font pour plusieurs plantes de la famille des malvacées ; ce sont diverses espèces de *noctuelles*. Le seul moyen de s'en préserver est de tenir le champ parfaitement nettoyé de mauvaises herbes, car c'est dans leurs racines qu'elles cherchent leur refuge pendant le jour.

Il n'en est pas de même de la *chenille du Cotonnier* : celle-ci s'attaque aux feuilles et aux fleurs, même aux siliques, et elle est aussi abondante que chez nous la *piéride* du chou ou du navet. On prétend que les dindes laissées en liberté dans un champ

4.

infecté de chenilles, parviennent à l'en débarrasser.

Nous avons observé dans nos cultures, diverses espèces de chenilles identiques à celles qui dévorent les épis de maïs et qui vivent au dépend de la gousse du Coton où elles se réfugient. Ce sont diverses espèces de *noctuelles*.

Les *pucerons* et les *coccinelles* font aussi beaucoup de tort aux plantations. On doit avoir recours aux fumigations de tabac et à la fumée produite par les branches de pins ou autres arbres résineux.

En Algérie (1) on conseille l'écimage comme prévenant l'attaque des pucerons qui se mettent souvent dans les Cotonniers, comme ils le font dans le Midi de la France pour les plantes de fèves et de pois. Nous ne les avons pas vu attaquer nos Cotonniers.

Tels sont, en peu de mots, les maladies des cotonniers, les animaux contre lesquels il faut se prémunir et les moyens à employer pour s'en préserver.

(1) *Instruction sur la culture du Cotonnier en Algérie*, par la Société d'agriculture d'Alger ; extrait du *Bulletin de la Société d'agriculture de Vaucluse*. — Avignon, Bonnet fils, imprimeur.

CHAPITRE V.

ESPÈCES DIVERSES DE COTONNIERS ; QUELLES SONT
CELLES QU'ON DOIT PRÉFÉRER.

> Il faut toujours comparer les vérités entre elles,
> chercher et faire connaître les causes pour lesquelles
> les unes sont préférables à d'autres et arriver ainsi
> à la propagation du meilleur. L'indifférence, à cet
> égard, est l'entier oubli de ses intérêts.
>
> PRUDHOMME.

Le Cotonnier est une plante de la famille des malvacées, c'est-à-dire une *mauve*; ni plus, ni moins que celle qui sert à beaucoup d'usages médicinaux.

Si nous en croyons divers auteurs, il y aurait des Cotonniers en arbres, d'autres en arbrisseaux et même des herbacés. Cette opinion n'est pas adoptée par tout le monde. Le Coton herbacé devient arborescent et vivace dans les climats tropicaux exempts d'hiver.

M. Pelouze père, dans son *Exposé de la culture du Coton aux Antilles*, ouvrage que nous avons cité précédemment, dit « avoir vu maintes et maintes fois, à Sainte-Lucie, des pieds de Cotonnier du même

plant que celui réputé seulement arborescent,
qui, abandonnés à eux-mêmes le long des haies,
ont cru jusqu'à vingt mètres de hauteur. Le même
plant qui, dans sa jeunesse, ne portait que des

Feuille de Cotonnier Louisiane blanc, cultivé sans soin ni arrosage
à la Louise (Vitrolles).

fleurs à corolle jaune, en donnait successivement
et à chaque floraison de plus en plus foncées en
couleur arrivant ainsi au pourpre. »

Quoiqu'il en soit de ces diverses opinions, il existe
plusieurs espèces de Cotonniers.

M. LAMARCK en compte huit espèces.

Le *Cotonnier herbacé* ou Cotonnier de Malte (*gossypium herbaceum. linn.*), qui croît dans la Syrie, aux

Indes, à Malte et en Sicile. Il est annuel, quoiqu'on le voit faire un arbrisseau dans diverses parties de l'Afrique. Il acquiert de 50 à 65 centimètres de hauteur.

Sa tige est dure, ses rameaux courts sont garnis de feuilles à cinq lobes inégaux, les fleurs naissent à l'aisselle des feuilles, elles sont jaunes avec une tache pourpre à la base de chaque pétale. Le calice, à folioles larges, terminées en pointes très-allongées et profondément dentées sur le bord, persiste et enveloppe la capsule, ordinairement à trois loges et s'ouvrant à l'époque de la maturité pour laisser échapper les graines et le Coton.

Le *Cotonnier velu* (*gossypium hirsutum de linn.*), originaire d'Amérique. Sa semence est de couleur verte, le Coton très-estimé. Cet arbuste atteint la hauteur du précédent ; il est annuel ou bis-annuel.

Le *cotonnier des Barbades* (*gossypium barbadense linn.*), originaire d'Amérique, atteignant 1 mètre 70 centimètres à 2 mètres. La tige et les branches sont unies, son calice est entier et les fleurs plus grandes et d'un jaune plus foncé que le Cotonnier velu. Sa semence est noire.

Le *Cotonnier des Indes* (*gossypium indicum*) *de linn.*). Cette espèce atteint 3 mètres 25 centimètres à 4 mètres de hauteur. Sa tige subsiste pendant quelques années. Ses feuilles sont à trois lobes non arrondis ; ses fleurs sont jaunâtres, munies à leur base d'une tache pourpre-brun ; les capsules sont ovales-coniques et pointues. Les graines sont noirâtres, entourées d'un Coton très-blanc qui y adhère fortement. Aux Indes orientales il croît naturellement dans les lieux humides.

Le *Cotonnier en arbre* (*gossypium arboreum de lam.*), s'élevant de 3 mètres 50 centim. à 5 mètres. Ses rameaux sont glabres excepté à leur sommet ; les feuilles pétiolées, à cinq lobes lancéolées et digitées, les fleurs complètement rouge-brun. Les trois folioles de leur calice extérieur sont entières ou quelquefois terminées par trois dents. Excellent Coton blanc, il croît en Egypte, en Arabie et dans l'Inde.

Le *Cotonnier à feuille de vigne* (*gossypium vitifolium. lam.*), cultivé à l'Ile-de-France et dans l'Amérique du Sud. Arbuste de 3 mètres 50 centimètres à 4 mètres, tige ligneuse à rameaux et pétioles entièrement glabres, à feuilles amples, palmées, profondément découpées en cinq lobes ovales-lancéolées très-aigus, glabres en-dessus, un peu velu en dessous. Fleurs grandes, jaunes avec une tache rouge à la base de chaque pétale ; elles sont enveloppées dans un calice grand, profondément lacinié et offrant à sa base trois grosses glandes. La capsule est ovoïde, à trois loges renfermant chacune six à dix graines noirâtres.

Cotonnier à trois pointes (*gossypium tricuspidatum. lam.*). Feuilles supérieures divisées à leur sommet en trois angles écartés ou trois lobes courts et pointus ; les inférieures sont entières. Fleurs quelquefois tout à fait blanchâtres et communément d'un blanc de soufre avec une teinte rose ou purpurine ; leur pédoncule est velu et le calice extérieur profondément découpé. Capsules courtes, ovoïdes-pointues, Coton doux, très-blanc et fort adhérent aux graines.

Cotonnier Glabre (*gossypium glabrum. lam.*). Atteint 1 mètre 25 centimètres à 1 mètre 50 centimètres de hauteur ; il est glabre, ses rameaux et ses pétioles sont chargés de points noirs tuberculeux qui les rendent dur au toucher. Les feuilles sont vert foncé, les inférieures ovales et entières, les autres profondément divisées en trois lobes pointus.

M. DE ROHR, directeur et inspecteur de l'agriculture à l'île Sainte-Croix, avait reçu de S. M. CHRISTIAN VIII, roi de Danemarck et de Norwège, la mission de faire des études spéciales sur le Cotonnier, considéré au point de vue de son utilité dans les colonies danoises des Indes occidentales. Ce travail, imprimé en allemand, a été traduit en français par le docteur Philippe-Gabriel HENSLER, de Kiel.

Cet ouvrage fit beaucoup de bruit dans son temps et tous les auteurs qui ont écrit sur le Coton lui ont emprunté sa classification ; il est donc utile d'en extraire les idées spéciales à l'auteur, avec d'autant plus de raison que ces appréciations sont le fruit d'une longue pratique.

Vingt-neuf espèces et quelques variétés de Cotonnier ont été étudiées pratiquement par M. DE ROHR; il les a divisées en différentes classes selon l'apparence des graines.

Nous ne pouvons suivre l'auteur dans le développement de ses idées, aussi engageons nous ceux de nos lecteurs qui désirent en savoir davantage, à consulter (1) l'ouvrage en question.

M. DE ROHR partage toutes les espèces qui lui sont connues en quatre grandes divisions :

1° Cotons dont les graines sont rudes et noires;

2° Cotons dont les graines sont lisses, d'un brun noir et veinées;

3° Cotons à graines, dont la surface est garnie de poils courts et clair-semés, en sorte qu'on peut voir clairement la couleur de l'enveloppe, mais non pas également les veines;

4° Cotons à graines, dont la surface est couverte

---

(1) *Observations sur la culture du Coton*, rédigées par ordre de S. M. le roi de Danemarck et de Norwége, pour l'utilité des colonies danoises dans les Indes occidentales, par M. J.-P.-B. de Rohr, directeur et inspecteur de l'agriculture dans l'île de Sainte-Croix, etc., avec une préface de M. le docteur Hensler, professeur de médecine à Kiel; traduit de l'allemand. — Paris, imprimerie et librairie de madame Huzard, rue de l'Éperon, 7. (1807.)

en très-grande partie ou en totalité de duvet ou de poils si serrés qu'on ne peut voir au travers la couleur de l'enveloppe.

PREMIÈRE SECTION.

Coton *sauvage* appelé en français coton *uni*; coton à *petits flocons*; coton *couronné vert*; *sorel vert*; *sorel rouge*, recommandable à plus d'un titre. Coton *à barbe pointue*; Coton à *crochet barbu*; *yea-nand*, bonne qualité; l'auteur en fait deux variétés : un *grossier* dont les capsules sont petites et un *fin* à grandes capsules. Coton à *grands flocons*; coton de *Guyane*, c'est la qualité désignée sous les noms de coton de *Cayenne*, de *Surinam*, de *Demerary*, de *Berbiche* et d'*Assequibo*. Il est très-estimé à cause de sa blancheur, de la force et de la longueur de ses fils. Les graines sont serrées les unes contre les autres, en forme d'une pyramide longue et étroite.

Le Coton du *Brésil* termine cette section; dans celui-ci les graines sont serrées les unes contre les autres en forme d'une pyramide courte et large.

DEUXIÈME SECTION.

Coton *indien*, cette qualité a été trouvée par M. de Roux; elle est très-belle, l'arbuste atteint 3 mètres 50 centimètres de largeur et 2 mètres 70 centimètres de hauteur; ses feuilles sont constamment convexes, mais cette convexité s'efface peu à peu en montant vers les extrémités des rameaux.

Coton *lisse de Siam brun*, appelé en français Coton *lisse*. L'auteur a trouvé à la Martinique quatre espèces connues sous le nom de *Siam*. Trois donnent du Coton *brun-rouge-pâle* et sont désignées sous le nom de *Siam rouge* ou *Nankin*; le quatrième est le *Siam blanc*, Coton très-fin. D'après M. DE ROUR, ces Cotons, quoique mûrs, adhèrent fortement aux valves, dont il faut les arracher.

Coton de *Saint-Thomas*; Coton *aux cayes*; Coton de *Siam couronné brun*; Coton de *Carthagène* à petits *flocons*; le même à *grands flocons*.

Coton de *Siam blanc*, cultivé aux Cayes, dans l'île de Saint-Domingue et à la Martinique, d'une blancheur extraordinaire, ce Coton ne se *salit* point sur l'arbre et n'a pas *un seul fil coloré*. Les capsules tombent quelquefois avec le Coton quand elles sont mûres; l'arbre donne annuellement 180 grammes de Coton net.

TROISIÈME SECTION.

Coton de *Curaçao*; coton de *Saint-Domingue couronné*; le Coton *rampant* termine cette section.

QUATRIÈME SECTION.

Coton *lisse tacheté*; Coton *gros*, ainsi dénommé à

la Martinique, tandis qu'à la Trinité on le désigne sous le nom de Coton *velu*.

Coton de *Siam à duvet brun*, portant à la Guadeloupe le nom de *Siam rouge velu*.

Coton *Muselin*. L'auteur en connaît quatre variétés. Le muselin à *gros grains*; *rouge*; de la *Trinité* et muselin de *Remire*. Ces variétés portent une seule fois par an et l'on est obligé de nettoyer la graine à la main. Inutile de le cultiver.

Coton à *feuilles rouges*; Coton des *nones*, deux variétés de : *Tranquebar* et de *Camboge*.

Coton de *Porto-Rico*. Les graines sont fortement serrées les unes contre les autres, en forme d'une pyramide longue et étroite; elle est toute couverte de duvet.

M. DE LASTEYRIE parle dans son ouvrage (1) de dix-neuf espèces ou variétés de Cotonniers cultivés à la Guadeloupe par M. DE BADIER (2). Comme il s'agit d'un travail spécial et qui a d'autant plus d'intérêt, que son auteur a expérimenté lui-même sur des

(1) *Du cotonnier et de sa culture*, ou Traité sur diverses espèces de cotonniers; sur la possibilité et les moyens d'acclimater cet arbuste en France; sur sa culture dans différents pays, principalement dans le midi de l'Europe, et sur les propriétés et les avantages économiques, industriels et commerciaux du coton, par Charles-Philibert de Lasteyrie, etc., avec 3 figures.

(2) Voir son travail publié dans les *Mémoires de la Société royale d'agriculture*; année 1788, p. 118.

graines provenant de *Cayenne*, de la *Martinique*, de *Sainte-Lucie*, de la *Dominique*, de *Marie-Galante* et de la *Trinité*, nous pensons que nos lecteurs nous sauront gré de leur en dire quelques mots.

M. DE BADIER divise les cotonniers en deux classes : dans la première il met les Cotonniers répandus dans le commerce, et il réserve la seconde pour les Cotons soyeux qui, à cette époque, 1785 à 1787, se cultivaient seulement pour l'usage des ménages.

COTONNIERS DU COMMERCE.

Cotonnier *à grande robe*. Folioles de son calice extérieur fort larges, longues et profondément lacinées. Coton beau et bien blanc. M. DE LASTEYRIE pense qu'il est identique au Coton *year-rund* de M. DE ROHR.

Cotonnier *Saint-Martin*. Les folioles du calice extérieur sont plus petites que celles du précédent, gousses plus petites.

Cotonnier à *pierre*, dit Cotonnier *mité* à Cayenne, semences réunies les unes à côté des autres, sur deux rangs formant une masse de graines dans chaque loge. Coton beau, mais en moindre quantité que dans les autres espèces, puisqu'il vient sur une seule face. Ce Cotonnier est désigné par M. DE ROHR sous le nom de cotonnier de la *Guyane*.

Cotonnier à Coton *blanc sale*. Coton couleur blanc

sale et court, semences grosses avec des stries longitudinales. La différence qui existe entre ce Coton et celui qui est sali par accident est que dans ce dernier le duvet qui touche l'intérieur de la cosse est blanc.

Cotonnier à Coton à *aigrettes*. Le Coton adhère à la semence, seulement il n'y en a pas du côté de la pointe. Capsules à trois loges, dans l'intérieur desquelles on voit une partie de la graine à nu; ce coton résiste au vent.

Cotonnier à *grosses graines*, le plus beau des Cotons connus; il ressemble à de la soie. Il a été trouvé par M. DE BADIER dans un terrain volcanique.

Cotonnier à *petites graines*. Même qualité que le précédent, trouvé et cultivé depuis plusieurs années dans un terrain de la Basse-Terre.

Cotonnier de la *Trinité*. Coton rude et court; semences grosses.

COTONNIERS DE SOIE.

Cotonnier de soie, à *écorce violette*, distingué des autres espèces par son écorce, qui est violette, et par le manque de tache rouge à la base interne de la corolle. Semences recouvertes d'un duvet vert trèsadhérent aux graines.

Cotonnier de soie à *feuilles en trois parties*. Feuilles à trois lobes, fruit en cône élargi, divisé en quatre loges contenant sept à neuf graines recouvertes d'un duvet vert ; tout le reste de l'arbuste est recouvert d'un duvet gris. Coton moins beau que le précédent.

Cotonnier Siam *bâtard* à graines recouvertes d'un duvet verdâtre obscur. Coton d'une vilaine couleur roux sale ; graines recouvertes, ainsi que l'indique son nom, d'un duvet verdâtre.

Cotonnier à *feuilles de manioc*. Feuilles digitées et laciniérées en sept ou huit divisions, comme celles du manioc et fromagé ; semences couvertes d'un duvet vert, Coton beau.

Cotonnier *Siam bâtard, à graines noires* et *lisses*. Semblable au Cotonnier à *pierre* dit Cotonnier *natté* à Cayenne, sans les *graines*.

Cotonnier *Siam franc*. Coton d'un roux plus foncé que celui du Cotonnier à *pierre*, dit Cotonnier *natté* à Cayenne et le Cotonnier à Coton à *aigrettes*, en différant par le duvet, qui est *adhérent* aux graines et d'un roux plus foncé. Coton plus beau que les deux susindiqués.

Cotonnier de soie à *graines noires* et *lisses*. Graines noires sans duvet adhérent. Feuilles divisées en trois lobes peu profonds et plus blanches en dessous que les autres. Coton beau, s'épluchant facilement à la main.

Coton de soie à *petites graines* recouvertes d'un duvet bleu verdâtre. Différant du Cotonnier à *pierre*, dit cotonnier *natté*, à Cayenne, par la couleur du duvet des graines, qui sont aussi plus petites.

Cotonnier de soie à *fruit divisé en cinq loges*. Semblable au cotonnier à *petites graines*, sauf que la plupart des fruits sont divisés en cinq loges contenant chacune cinq semences noires sans duvet adhérent.

Cotonnier de soie à *fruit divisé en quatre loges*. Différant des cotonniers à *petites graines* et du Cotonnier de soie à *écorce violette*, par son fruit s'ouvrant en quatre loges contenant chacune cinq à six semences sans duvet adhérent. Coton plus rude que celui des Cotonniers précédents.

Nous devons à l'obligeance de M. HARDY, directeur du jardin d'acclimatation du *Hamma* (*Algérie*) la collection de graines des Cotonniers cultivés dans cet établissement ; nous croyons être agréable à nos lecteurs en leur en donnant la nomenclature.

Coton d'*Icica* ; — Coton *Dean-Texas* : — Coton *pur Mexicain* ; — coton *Bunchs* ; — coton *Mexicain du petit golfe* ; — Coton *Eloïas prolific* ; — Coton *Dean-New-York* ; — Coton *Dean-From-Georgia* ; — Coton *Louisiane blanc*, remarquable par la beauté de sa graine de couleur verte ; — Coton *Louisiane long* ; — Coton de *Castellamare blanc* ; — Coton du *Mississipi* ; — Coton *Nouvelle-Orléans* ; — Coton de *Monteray* ; — Coton *Kiang-Nan* ; — Coton *Nankin de Malte* ; — coton *nankin de Chine*, et le Coton *Géorgie longue soie*, le seul dont la graine soit dépouillée de duvet.

Si nous ajoutons une nouvelle espèce ou variété du *nord de la Chine*, introduite par M. DE MONTIGNY, et qui se distingue des autres par la petitesse de ses graines, le duvet jaunâtre qui les enveloppe et la précocité de sa récolte, nous aurons passé en revue toutes les espèces ou variétés connues jusqu'à ce jour. Il nous reste à chercher quelles sont les espèces ou variétés que l'on doit cultiver.

Les dénominations commerciales des diverses espèces de Cotonniers sont au nombre de cinq.

On les désigne sous les noms suivants : Cotonnier *Géorgie longue soie* (*Sea-Island*); Cotonnier *Jumel*; Cotonnier *Louisiane*; Cotonnier *Nankin* ou de *Siam*; Cotonnier du *Pérou* ou de *Malte*, et divers Cotons de l'Inde désignés sous le nom de *surates*.

Quelles sont les espèces de Cotonniers préférables pour les cultivateurs?

Le but que veut atteindre le planteur, c'est d'obtenir avec le moins de peine, le moins de dépense et la plus grande rémunération possible, un produit d'une vente facile et indispensable au commerce et à l'industrie.

Si les conditions susindiquées peuvent se rencontrer quelque part, c'est sans aucun doute dans la culture du Cotonnier.

Partons donc de ce principe pour priser les plants

de Cotonnier; ceux qui atteindront les résultats ci-dessus énoncés seront les plus utiles.

COTONNIERS QU'ON DOIT CULTIVER.

Le Cotonnier *Géorgie longue soie* se présente en première ligne : partout ou sa culture est possible, nous devons le préconiser; car, c'est le Coton le plus estimé et celui qui, selon la provenance, le soin qu'on a donné à sa récolte, et la terre dans laquelle on l'a cultivé, prend un prix proportionnel excessivement élevé, et cela, par la raison bien simple que ses semences sont nues et très aisées à détacher. Sa fibre est d'une longueur, d'une élasticité et d'une beauté non encore égalées par d'autres espèces.

C'est avec intention que nous disons non encore égalées, car nous pensons qu'au moyen de la sélection, de croisements bien entendus, et même de fécondations artificielles faites avec soin, l'on parviendra à obtenir des produits encore plus beaux que ceux qui nous occupent aujourd'hui.

Dans la section des Cotonniers *longue soie*, le Coton dit *Jumel*, qui est une qualité de Coton *Géorgie longue soie*, abâtardie en Égypte, tient le second rang; celui de la *Guadeloupe*, de la *Martinique*, du *Pérou* et autres, que nous passons sous silence, peuvent aussi se cultiver.

A la tête des Cotonniers à *courte soie* se trouve le

Louisiane blanc; suivent : le *Nouvelle-Orléans*, le *Géorgie courte soie* (*Siam*) blanc et nankin. Le *Nankin* de Chine, et les Cotons récoltés à *Mobile*, à la *Caroline* et au *Tenessee*.

Telles nous paraissent être aujourd'hui, les qualités de Cotonniers que nous devons propager, en ayant le soin de les cultiver de façon à les préserver de l'*abâtardissement;* car nous pensons que la dégénérescence de certaines espèces de Cotonniers provient non-seulement des terrains dans lesquels ils ont été cultivés, mais plus particulièrement du *peu de soin* qu'on prend d'*arracher sans pitié* les *espèces différentes* qui se trouvent par hasard dans le *même champ.*

Si nous passons sous silence les Cotonniers de *Malte* et autres, la raison en est que nous les considérons comme variétés des espèces ci-dessus étudiées.

N'oubliez pas, si vos terrains sont marécageux et contiennent deux pour cent d'eau de mer, de semer le coton *irsuto* ou *Siam blanc.* Des expériences positives et plusieurs fois renouvelées dans diverses contrées prouvent que ce Cotonnier réussit parfaitement dans ces conditions, qu'il ouvre ses capsules malgré des pluies prolongées même pendant un mois, et que le Coton ne se salit pas.

Chacun de nos lecteurs, après avoir pris connaissance de ce chapitre, pourra se diriger selon qu'il le jugera convenable ; mais ce qu'on ne saurait trop leur rappeler, c'est que *celui qui sème de mauvaises qualités de graines se vole lui-même.*

L'étude des semences propres à diverses parcelles de terrain est le travail spécial de chaque planteur ; on ne peut nous en vouloir si nous n'en disons pas davantage à ce sujet.

Ayons toujours les yeux sur cette maxime de La Bruyère : *La plupart des hommes, pour arriver à leurs fins, sont plus capables d'un grand effort que d'une longue persévérance.*

Rappelons-nous qu'en *agriculture,* c'est *la persévérance que nous devons posséder.*

CHAPITRE VI.

ÉTUDE SUR LA CULTURE DU COTONNIER DANS DIVERSES CONTRÉES.

Dans la nature il faut étudier beaucoup pour savoir peu; et si notre expérience ne suffit pas, sachons tirer parti des observations qui nous sont communiquées par des hommes sérieux ou qui nous ont léguées par des illustrations des siècles passés.

CHARLES BALTET.

Nous devons nous occuper dans ce chapitre de la culture du Cotonnier dans tout l'univers. L'Europe, l'Asie, l'Afrique et l'Amérique produisent du Coton ; il en est ou il en sera de même de l'Océanie.

En 1803, M. Dutour, membre de la société d'agriculture de Saint-Domingue, fut chargé d'écrire un article sur la culture du Cotonnier ; ce travail, publié dans un ouvrage spécial (1) qui a eu un grand retentissement, sera analysé en peu de mots.

Les contrées de l'Europe dans lesquelles on cultivait le Cotonnier à l'époque que nous désignons

(1) *Nouveau Dictionnaire d'histoire naturelle appliqué aux arts*, principalement à l'agriculture et à l'économie rurale et domestique, t. VI, an XI (1803.)

(1803) étaient : l'île de Malte, la Sicile, une partie de la Calabre et quelques îles de l'Archipel.

La culture de cette malvacée s'était étendue au midi de la France, et les résultats obtenus ne laissaient aucun doute sur la possibilité d'acclimater cette plante en Provence, en Dauphiné et dans le Languedoc.

C'est le Cotonnier *herbacé* qu'on cultivait généralement, parce qu'il croissait même dans les terrains pierreux. On le châtrait à la hauteur de huit pouces (22 centimètres), en coupant le haut de la tige. Tel était le mode de culture qu'on employait en *Sicile*, en *Calabre* et dans l'*île de Malte*.

A *Malte*, on semait à cette époque trois espèces de Cotonniers : celui dit *herbacé*, qui était trisannuel et qu'on arrachait ensuite; le Coton de *Siam*, couleur chamois, et un Cotonnier venu des *Antilles*, qui s'élevait à une plus grande hauteur que les précédents.

En Calabre on labourait la terre en janvier et avril, on semait la graine en mai, et la récolte se faisait en septembre et octobre.

A Syra l'on enlevait par le frottement le duvet de la graine de Cotonnier avant de le semer et l'on étêtait les plantes.

L'Espagne s'est livrée à la culture du Cotonnier plus tard que les pays ci-dessus désignés; c'est particulièrement dans le royaume de Valence que cette culture prenait de l'extension. L'on y cultivait le

gossypium arboreum. On taillait le Cotonnier comme
la vigne. Le cotonnier *herbacé* se cultivait dans quelques cantons maritimes, mais il ne se propageait
guère.

L'*Asie* est la patrie du plus grand nombre d'espèces de Cotonniers.

Dans l'île de *Sumatra*, l'on cultivait le Cotonnier *annuel* ou herbacé, le Cotonnier en *arbre* et le
Coton *de soie*.

Le Cotonnier *sarmenteux* est originaire de la côte
de *Guinée*, d'où on l'a transporté aux *Antilles*.

Tels sont, en peu de mots, les renseignements que
l'on peut tirer du dictionnaire ci-dessus mentionné.

En 1807 parut l'ouvrage de M. DE ROHR; il ne nous
appartient pas de discuter le mérite de ses travaux ;
qu'il nous suffise de dire que l'auteur recommande
le sarclage et que, dans son opinion, l'on doit aban-
donner aux Indes occidentales l'étêtage du Cotonnier,
parce qu'à la suite de cette opération « sa tige , ses
racines deviennent malades, et tout ce que le pro-
longement du tronc, les branches qui en seraient
sorties et la couronne que l'arbre aurait produite
est irrévocablement perdu. »

M. DE LASTEYRIE publia en 1808 un traité du Cotonnier et de sa culture. Ce travail, un des plus com-
plets qu'on connaisse, mérite d'être pris en sérieuse
considération, et nous lui emprunterons tout ce qui
nous paraîtra utile à nos lecteurs.

Il est prouvé que la culture du Cotonnier existe de temps immémorial en Perse, en Arabie, en Égypte et dans toutes les parties méridionales de l'Inde.

D'après ABA et JAIR, auteurs arabes, le cotonnier durerait pendant vingt ans.

ABU-ABDALAH-EBENE-FASEL dit que cet arbuste demande, en Espagne, une terre peu tenace et exposée au soleil, et qu'en Sicile on lui réserve les plus mauvaises terres, car on a reconnu qu'elles étaient propres à sa culture.

Dans l'*Arabie Pétrée*, en *Égypte*, à *Ascalon* et à *Bassora*, on sème le Cotonnier sur des terrains de sable soumis aux irrigations ; l'on est dans l'usage de le transplanter, ainsi qu'on a coutume de le faire pour les légumes cultivés dans les jardins ; nous devons faire observer à ce sujet qu'il s'agit du Cotonnier en arbre atteignant, si nous en croyons ce praticien, une hauteur moyenne de 15 pieds (cinq mètres). Les cendres des végétaux sont un excellent engrais pour le Cotonnier.

En *Sicile*, l'on frotte les graines avec du sable pour les débarrasser des filaments qui y restent attachés ; l'on pense que cette opération rend la graine d'une plus prompte végétation, mais nous croyons que l'usage d'arroser la terre avant le semis est, sans contredit, la cause d'une prompte végétation.

Dans ce pays la graine dégénère et l'on doit s'en procurer de nouvelle à Malte.

L'on sème la graine de Cotonnier au mois de mai; les Siciliens considèrent comme une chose très-importante de bien aplanir la terre, afin que les rayons du soleil ne dessèchent pas le sol trop profondément.

L'on étête la plante lorsqu'elle est parvenue à une palme de hauteur ($0^m,77$). Il faut que la tige soit couleur de plomb pour qu'on fasse l'amputation du sommet; l'on opère en passant la tige entre le pouce et l'index.

La récolte se fait en octobre et se renouvelle tous les quatre ou cinq jours. L'on est dans l'habitude de semer le blé dans les terres qui ont porté du Coton, et il réussit parfaitement.

A *Malte*, l'on sème le Cotonnier du 25 au 30 mars; si la graine ne lève pas ou si les plantes périssent, on resème jusqu'à la fin d'avril. On a des exemples de semailles faites à la fin de juin qui ont bien réussi. C'est particulièrement dans les endroits que l'on peut irriguer que ces plantations tardives réussissent.

La chaux est utile au Cotonnier.

En *Égypte* on sème le Cotonnier à deux époques différentes, mai et juin; on arrose toute l'année, sauf les quatre mois d'hiver.

Les *Chinois* cultivent le Cotonnier en arbre et le Cotonnier herbacé; ce dernier est très-commun dans la Chine. Il y en a plusieurs espèces; il demande une

bonne terre mêlée de sable, un peu humide et mé-
diocrement grasse. Si la terre était trop humide, les
racines se pourriraient et seraient attaquées par les
vers. Est-elle trop grasse, la plante pousse en herbe
et ne produit pas de Coton.

En *Chine*, on a l'habitude d'inonder les terres
arides qu'on veut défricher ou engraisser. Pour les
fumer, l'on emploie la vase fraîche, les cendres le
téou-pieu et le *ta-feu*.

La vase récente des rivières, canaux, fossés et
mares est le meilleur engrais pour les champs de
Cotonniers; les cendres de toutes sortes, et particulièrement celles de racines, feuilles et coques de Cotonniers de l'année précédente; on doit les brûler
peu avant de les mettre en terre.

Le *téou-pieu* est le marc qui reste après avoir exprimé l'huile des plantes oléagineuses. On l'émiette
et on le répand sur le sol.

Ta-feu, tel est le nom des excréments humains
en Chine. On l'emploie de deux manières différentes.
On le mêle avec de l'eau pour en faire une bouillie
très-claire dont on arrose les champs comme nous le
faisons en France pour les barriques.

Le second procédé consiste à jeter les vidanges
des fosses d'aisance dans de grands creux décou-
verts; on les mêle ensuite avec un tiers de terre
grasse, et l'on en forme des galettes qu'on fait sécher
au grand air et qu'on transporte ensuite où l'on veut.

Ces galettes, si nous en croyons des témoins oculaires, n'auraient aucune mauvaise odeur, et exhaleraient plutôt celle de la violette.

Pour employer ces galettes, on les met en poudre et on les répand plus particulièrement sur les terres grasses et humides.

Les Chinois pensent qu'on doit semer la graine de Cotonnier au printemps, assez tôt pour qu'au mois de juillet les plantes soient suffisamment fortes pour résister aux chaleurs.

On sème par rayons, à la volée et par planches; d'autres sèment à fossettes. L'on recommande les sarclages fréquents et l'on arrache les Cotonniers mal venus et rabougris; on les pince à un pied de hauteur (33 centimètres), et les branches latérales sont pincées de nouveau.

En *Cochinchine*, l'on cultive le Cotonnier herbacé et celui en arbre; le premier se sème en janvier et se récolte en mai. On prépare la terre destinée au Cotonnier comme celle qui doit porter des légumes.

Dans l'*Amérique*, on fait des fosses de cinquante centimètres de profondeur; l'on ensemence chaque soir les fosses qui ont été ouvertes dans la journée. On peut semer de novembre à avril. On sème la graine à deux centimètres huit millimètres de profondeur au plus, et à un centimètre quatre millimètres au moins; l'on écarte du semis toute graine de mauvaise qualité. Lorsqu'après une pluie la graine n'est pas sortie au bout de huit jours, elle est considérée comme mauvaise. L'on sarcle vers le quatorzième jour et on continue souvent cette opération ; la terre de la fosse se sarcle à la main jusqu'au moment où la plante a pris une hauteur de cinquante centimètres. On ne doit pas butter les plantes, mais seulement les relever et les affermir quand le vent les courbe.

Le Cotonnier réussit parfaitement dans l'île de *Saint-Barthélemy*. Qu'on le cultive sur les flancs les plus élevés de la montagne de l'île ou dans les autres terres, il réussit toujours. On le sème en février et mars, ou en août et septembre.

La semence pousse hors de terre au bout de quatre ou cinq jours, et la première récolte se fait de treize à vingt semaines après la plantation.

A *Surinam*, on sème les graines de Cotonnier trois ou quatre par trou ; on les couvre légèrement ; en six ou sept semaines les tiges acquièrent une hauteur de deux mètres, on les rabat à quatre-vingt-dix centimètres. La transplantation et le repiquage ne réussissent pas toujours dans ces contrées. Il y existe trois espèces de Cotonnier.

En 1838, M. Pelouze père (1), ancien planteur de coton et propriétaire d'une habitation à Sainte-Lucie,

____

(1) *Exposé complet de la culture du Coton aux Antilles,* précédé d'un aperçu de cette culture dans les États-Unis d'A-

a publié un exposé complet de la culture du Coton aux
Antilles, précédé d'une étude sur la culture du Coton
aux États-Unis ; ce dernier travail, extrait du traité
de BAINE, prouve que « le Cotonnier prospère sur les
monts rocailleux de l'Hindoustan, de l'Afrique et
sur les collines sèches des Antilles ; là où le sol
sera trop maigre pour produire aucune autre espèce de récolte, on en pourra obtenir d'abondantes
en Coton. »

Le fameux Coton *Sea-Island* est récolté sur les pla-
ges siliceuses et sur les parties littorales des terres
basses, dans les nombreuses petites îles qui bordent
la côte occidentale des États-Unis.

Il a été démontré que le sel marin, ajouté à un
composé d'engrais, dans la proportion de treize litres
de sel pour 780 litres de matières terreuses et végé-
tales, a des avantages immenses sous le rapport de la
quantité et surtout de la qualité du Coton récolté
pour le Coton *Sea-Island* (Géorgie longue soie). Ob-
servez en passant que c'est la seule qualité de Cotonnier dont la graine soit noire et dépouillée de
soies.

Ce plant a été porté aux États-Unis dans l'année
1786, des îles Bahama, où il avait été propagé de se-

mérique, et de considérations préliminaires sur la similitude
du climat et sur l'opportunité des cultures torridiennes dans la
ci-devant régence d'Alger. — Paris, 1858.

mences venues de l'île d'*Aguilla*. On y cultive aussi le Coton à laine courte, désigné sous le nom de *Upland*.

Aux Antilles, au lieu de labourer le champ tout entier, on se contente de l'ameublir dans le voisinage des fosses. Dans ce cas, elles doivent être larges. L'on a remarqué que la graine de Cotonnier pourrie est le meilleur des fumiers. Sarclage souvent répété.

On étête les plants avec une petite faucille; dans les sols très-riches, on excise les maîtresses branches afin de leur faire produire plus de gousses.

M. ALBERT GAUDRY (1), dans son ouvrage publié par ordre du gouvernement, dit que la seule espèce de Cotonnier cultivée en Syrie est le Cotonnier herbacé. Il atteint une hauteur de huit décimètres, quelquefois plus; ses feuilles sont tendres, d'un vert clair; ses fleurs jaunâtres, rosées ou violacées, sont marquées d'une tache pourpre au bas de chaque pétale. On doit les planter dans des terres meubles et bien divisées. Le Coton est d'une grande blancheur, mais son fil est plus court que celui du Coton de Chypre.

Le même auteur dit que les Cotons herbacés sont seuls cultivés en Égypte; il y en a deux principaux :

(1) *Recherches scientifiques en Orient pendant les années* 1853-54, publiées sous les auspices du ministère de l'agriculture, par Albert Gaudry (partie agricole). — Imprimerie impériale, MDCCCLV, in-8°.

un Coton à longue soie d'un jaune terne, fin et ner-
veux, connu dans le commerce sous le nom de Coton
Jumel ou de Coton d'*Égypte longue soie*; un Coton à
soie dure, très-blanche, que les négociants désignent
sous le nom de Coton *courte soie d'Alexandrie*.

Le coton *Jumel* porte aussi le nom de Coton *Maho*.
Ces noms lui viennent de ce que M. JUMEL en trouva
des plants dans un jardin du Caire appartenant à
M. MAHO ; il fut le premier à le signaler et à s'occuper de l'extension de sa culture.

Dans l'île de Chypre, on cultive un Coton herbacé.
Il est de même espèce que le Coton de Syrie, mais de
qualité supérieure ; il est inférieur aux cotons d'A-
mérique. Le Coton *Nankin* est rare.

Le Cotonnier est bisannuel. Dans le plus grand
nombre de cas on fait alterner ses semailles avec
celles du blé.

Avant de confier les graines à la terre , on les fait
tremper pendant un jour dans l'eau mélangée de
fumier de brebis ; les graines fermentent et leur enveloppe se déchire facilement.

L'on devrait faire les semailles en mai ; malheureusement la crainte des sauterelles les fait, en général, retarder jusqu'en juin ; ce retard est la cause
d'une grande perte ; car, en automne, la fraîcheur
des nuits détermine le développement des feuilles, et
la chaleur n'est plus assez forte pour faire mûrir
complétement les coques.

Le Coton se sème comme les haricots : on trace des sillons, et le long de ces sillons on réunit ensemble quelques graines, de distance en distance. Lorsque les plants ont levé, on arrache les moins vigoureux, la végétation se développe avec une grande rapidité, on bine et on sarcle dans le courant de l'été.

La récolte se fait en octobre ; les coques ont trois, quatre ou cinq loges, ces dernières sont les meilleures. Dans les lieux ou les plants sont peu nombreux, comme autour d'*Evricon* et de *Solia*, on retire chaque matin le Coton des coques parvenues à maturité. Mouillée par la rosée, la coque se ramollit et ne se brise pas en fragments, qui pourraient ternir son contenu ; ainsi, le Coton est apporté aux négociants non à l'état de coque, mais à l'état de Coton très-pur, renfermant encore les graines.

Dans les localités ou les cultures se pratiquent sur une large échelle, il serait trop long de retirer le Coton de chacune de ses loges sur la plante même ; mais on cueille les coques entières, puis on les sistre. Cette opération consiste à les agiter dans un panier formé de roseaux, de sorte que le Coton reste dans le panier, et que les impuretés ou débris de coques passent à travers les intervalles.

Le Coton sistré perd beaucoup de son brillant, il se tire particulièrement de *Messaroé* : il se vend cent piastres de moins par quintal que celui d'*Ecricon* et de *Solia*.

Pour faire une oeque (1^{kil},03) de Coton bon à livrer au commerce, il en faut quatre de Coton brut, ou trois de coton mélangé avec la graine.

Des essais de culture du Cotonnier ont été faits en Corse, dans les domaines de M. Pozzo di Borgo, près d'Ajaccio, et ont été couronnés d'un succès complet. MM. Mariani et Vannucci, dans leurs propriétés, situées dans l'arrondissement de Corte, avaient aussi réussi en 1828.

Les espèces de Cotonnier qui ont le plus de chance de succès sont : le Cotonnier de la Caroline graine verte ; Caroline longue soie, et le Siam nankin.

Nous extrayons du travail (1) de M. Devincenzi, président de la commission royale de l'exposition des cotons italiens, 1864, les renseignements suivants : « Dans la circonscription de *Terra-Nova*, on sème presque uniquement le Coton herbacé et très peu d'*irsuto* ; la commission est d'avis qu'on devrait bien arroser et remplacer le coton herbacé par l'*irsuto*.

« M. Vito Favara Verderame, dans la commune de *Mazara*, a cultivé le Coton de Siam dans une terre d'alluvion de récente formation, de même que

(1) *Première exposition du Coton en Italie* (1864, mémoire et relation sur la culture du Coton, publié par la commission royale).

le Coton herbacé à feuilles de vignes, le Géorgie longue soie, le Louisiane, les semences d'Égypte et de la Nouvelle-Orléans. Ceux qui ont le mieux réussi sont : le Coton de *Siam*, l'*herbacé* ou de *Malte*, le *Géorgie* et le *Louisiane*.

« Dans la province de *Noto*, le Coton *Siam blanc* réussit, tandis que le Louisiane et le Géorgie longue soie ne donnent aucun produit.

« Le Coton *herbacé* est le seul à réussir dans la commune de *Comiso* (Sicile). Dans la commune d'*Avola*, c'est le Coton *Siam blanc*.

« On avait l'habitude de semer dans la commune de *Pachino*, le Coton Siam blanc, originaire de Malte, mais on lui préfère aujourd'hui le Coton *Louisiane*, qui est plus beau et d'une meilleure réussite.»

Le Coton du nord de la Chine, que M. DE MONTIGNY vient d'introduire en France et en Algérie, et dont il a donné des graines à la Société centrale d'agriculture de l'Yonne, fleurit et fructifie dans un pays plus septentrional que le nôtre. Cet honorable consul général a vu des champs fructifier sous la neige ; nous devons donc l'étudier avec soin.

Tels sont les renseignements que nous avons cru devoir donner à nos lecteurs sur la culture du Cotonnier dans diverses contrées, nous réservant, pour le chapitre suivant, les études sur la France et l'Algérie.

CHAPITRE VII.

PEUT-ON CULTIVER LE COTONNIER DANS LE MIDI DE LA
FRANCE ET EN ALGÉRIE? QUELLES SONT LES ESPÈCES
PRÉFÉRABLES POUR CES CONTRÉES.

Tout progrès est doublement précieux, toute découverte
a une double valeur; elle vaut par ce qu'elle nous a donné,
elle vaut encore par ce qu'elle nous donnera.

Is. GEOFFROY SAINT-HILAIRE.

Se demander si la culture du Cotonnier est possible dans le midi de la France et l'Algérie paraîtra,
aux hommes d'intelligence et de progrès qui suivent
avec soin les expériences que l'on a faites depuis
1808 jusqu'à ce jour, un véritable paradoxe ; mais,
il n'en sera pas de même pour tous les lecteurs de
cet opuscule. Nous allons donc étudier cette question et tâcher de l'éclaircir pour ceux qui n'auraient
pu se tenir au courant de la science.

Nous voyons avec la plus vive peine des hommes
de mérite qui, après avoir fait des expériences qu'on
pourrait appeler *hasardées*, puisqu'ils ont prouvé
qu'ils ignoraient les premiers éléments de la cul-

ture du Cotonnier, jeter à la face des praticiens leur *veto* suspensif.

Arrière ces hommes d'une autre époque ! Que répondraient-ils si on leur demandait avec sang-froid si la culture du melon, de la pastèque, des courges, des haricots de diverses espèces, et autres substances alimentaires peut se faire en plein air dans le midi de la France et en Algérie? N'auraient-ils pas le droit de croire qu'on met en doute leur intelligence?

De même aujourd'hui, celui qui prétend que la culture du Cotonnier ne peut être productive dans le midi de la France et en Algérie prouve qu'il n'a pas étudié la question.

S'ils prétendaient que la culture du Cotonnier n'est pas toujours rémunératrice, peut-être ces contradicteurs auraient-ils quelque droit à notre indulgence, car nous admettons avec eux qu'au commencement de l'introduction d'une culture, de quelque espèce qu'elle soit, il y a des hésitations qui se traduisent par des pertes qui sont plus tard un profit pour tous les agriculteurs.

Voulez-vous un exemple frappant du fait que nous avançons? Les États-Unis vont affirmer notre dire.

Aujourd'hui, le Coton *Sea-Island* et autres de toute sorte abondent aux États-Unis; mais, si nous consultons l'histoire, il nous sera aisé de vous prouver que dans le principe on a eu beaucoup de peine et de pertes pour introduire cette culture qui fait aujourd'hui la prospérité de ces contrées.

Les personnes dont nous parlons ressemblent à ces enfants venus au monde depuis la création des chemins de fer, qui les ont vus toute leur vie, et qui ne peuvent croire que leurs pères restaient huit jours en voyage pour se transporter de Marseille à Paris; et encore parlons-nous de l'époque du progrès!

Un jour viendra où l'on posera la même question pour la culture du Cotonnier dans le midi de la France et l'Algérie.

En 1807, la disette du Coton se faisait sentir en France. L'Empereur, qui de son coup d'œil d'aigle savait embrasser tout ce qui pouvait être utile pour la prospérité du pays, jugea qu'il fallait penser à des travaux ayant pour but d'introduire la culture du Cotonnier dans le midi de la France.

L'étude des diverses latitudes sous lesquelles on cultivait ce végétal prouvait que cette introduction était possible.

Nous ne pensons pas avec M. de Lasteyrie qu'il faille prendre au sérieux les faits relatés dans le recueil (1) d'*Abel-Jouan* (1566), ni dans l'ouvrage (2)

---

(1) *Recueil et discours du voyage du roi Charles IX, de ce nom, à présent régnant*, accompagné des choses dignes de mémoire, etc., par Abel Jouan. Imprimé à Toulouse en 1566.

(2) *La Nouvelle agriculture, ou Instruction générale pour ensemencer toutes sortes d'arbres fruitiers*, avec l'usage et pro-

publié en 1606 par Pierre DE QUIQUERAME DE BEAU-
JEU et qu'on prétendait confirmer par un passage de
BAUHIN, d'après lesquels on admettait qu'à cette
époque on cultivait dans le midi de la France : le *Cotonnier*, le *Cannellier*, le *Poirrier* et le *Giroflier*.

Qu'on ait vu à cette époque quelques pieds de ces
diverses productions, il n'en résulterait nullement
que les gens du pays s'adonnaient à cette culture.
Dans ces temps reculés, comme dans le nôtre, l'on
trouvait des personnes en avance sur leur siècle et
qui n'hésitaient pas à cultiver, par des moyens
artificiels, des plantes qui, plus tard, ont pris droit
de cité dans ces contrées.

Ce qu'il y a de positif, c'est que le 27 mars 1807,
le MINISTRE DE L'INTÉRIEUR écrivit une circulaire aux
préfets des départements, pour leur annoncer que le
GOUVERNEMENT accordait des *primes* pour la *culture
du Cotonnier en France*, et leur faire savoir en même
temps qu'il avait chargé un agriculteur, membre
de l'Institut, de faire un ouvrage relatif à cette culture.

La *Société d'agriculture du département de la
Seine*, dans sa séance du 3 avril 1807, proposa deux
prix : l'un de 2,000 fr. et l'autre de 1,000 fr. pour
les deux meilleurs mémoires dans lesquels, « après
avoir donné la description des différents Cotonniers,

priété d'iceux, par Pierre de Quiquerame de Beau-Jeu, évêque
de Senez, publié en 1606.

on déterminera par des résultats d'expériences exactes et bien prouvées *quelles sont les espèces et variétés qui peuvent se cultiver avec le plus d'avantage en France, sous le rapport de la quantité et de la qualité du produit.* Les expériences sur lesquelles seront fondés les résultats présentés devront être attestées par les autorités locales et par les sociétés d'agriculture départementales, ou les correspondants de celle de Paris, s'il en existe dans le voisinage du lieu où elles auront été faites. Les prix seront distribués à la séance publique de la Société, qui aura lieu après Pâques 1809. Les mémoires seront reçus jusqu'au 1er janvier 1809. »

Telles sont les données positives que nous possédons sur l'introduction du Cotonnier dans le midi de la France.

L'ouvrage de M. Charles-Philibert DE LASTEYRIE, sur le Cotonnier et sa culture, parut en 1808.

L'auteur, après avoir donné des considérations générales sur le Cotonnier, étudie la possibilité de son introduction en France, les moyens d'assurer le succès de sa culture, les espèces ou variétés de Cotonnier, leurs qualités et leurs lieux de provenance.

Dans la deuxième partie de son travail, M. DE LASTEYRIE fournit tous les renseignements possibles sur la culture du Cotonnier dans les climats chauds de l'Europe, et termine cette étude par le mode de culture qui pourrait convenir le mieux aux climats méridionaux.

Il relate dans la dernière partie de son ouvrage les méthodes de culture appliquées aux Cotonniers des divers pays.

En supplément, l'on trouve : *les Succès de la culture du Cotonnier en France dans l'année* 1808.

Il résulte de ce supplément qu'à l'époque susindiquée, les expériences faites dans le cinquième arrondissement et la partie méridionale du troisième portent à croire que la culture du Cotonnier pourra s'établir avec succès dans le département des *Basses-Alpes*.

Le département des *Alpes-Maritimes* semblait très-propice à la culture du Cotonnier, cependant elle n'y réussit pas aussi bien que dans celui des *Basses-Alpes*.

Quant au département des Bouches-du-Rhône, ce fut celui qui remporta la palme, et les résultats démontrèrent que ce département était un des plus propices à la culture du Cotonnier.

Des expériences furent faites en *Corse*, dans le département de la *Drôme*, du *Gard*, de la *Haute-Garonne*, du *Gers*, de l'*Hérault*, des *Landes*, des *Pyrénées-Orientales*, du *Var* et de *Vaucluse*.

Les réussites eurent lieu en Corse, dans les départements de la Drôme, du Gard, de l'Hérault, des Landes, du Var et de Vaucluse.

Nous regrettons de n'avoir pu parvenir à nous procurer les détails des expériences faites en 1807 et 1808 dans le département du Var, aux environs d'Antibes et de Toulon ; elles sont consignées dans une brochure rare et curieuse, publiée à Toulon en 1808 par M. François MARTIN, botaniste de la marine, et elles nous auraient fourni, sans doute, des détails intéressants.

Le concours ouvert sur la culture comparative des diverses espèces de Cotonnier cultivées en France fut pour ainsi dire oublié ; c'est le sort de tout ce qui est nouveau.

Il appert du registre des délibérations de la Société d'agriculture du département de la Seine, que dans sa séance du 7 février 1810, sur le rapport signé par le sénateur comte DUPÈRE, président, et M. SILVESTRE, secrétaire, une médaille d'or fut décernée à M. PARIS, sous-préfet de l'arrondissement de Tarascon, département des Bouches-du-Rhône, et correspondant de la Société, pour le mémoire portant pour épigraphe :

« La première précaution à prendre pour faciliter la culture du Cotonnier, en France, c'est d'apporter un grand soin dans le choix des espèces. » (DE LASTEYRIE.)

Cinq cents exemplaires de ce mémoire, qui a été imprimé dans les *Annales d'agriculture*, furent distribués aux cultivateurs de Cotonniers, dans les départements du midi. Le prix fut prorogé au 1ᵉ janvier 1812.

Nous avons sous les yeux, le mémoire (1) de M. Paris.

La première partie de ce travail contient la description des Cotonniers. En tête du genre, l'auteur place les Cotonniers *Siam*, parce que, dit-il, ils lui ont le mieux réussi. D'après M. Paris, le Coton Siam nankin, est le type de l'espèce, dont le blanc n'est qu'une variété.

Extrayant du *Journal de culture* la seconde partie de son travail, l'auteur donne la description et la préparation du terrain dans lequel il a opéré; passant à l'ensemencement, il entre dans les détails les plus minutieux, et initie ses lecteurs à toutes ses études.

Dans la troisième partie, intitulée : *Observations*, M. Paris traite de l'exposition et de la préparation du terrain, de l'ensemencement, qui doit avoir lieu du 15 au 20 avril.

Les soins nécessaires pendant la végétation consistent dans l'arrosement du Cotonnier, seulement quand la plante souffre de la sécheresse et en ayant le soin que l'eau passe à distance du pied des Cotonniers.

(1) *Mémoire sur la culture comparative de diverses espèces de Cotonnier*, par M. Paris, sous-préfet de l'arrondissement de Tarascon, département des Bouches-du-Rhône, correspondant de la Société d'agriculture du département de la Seine.

Le premier binage se fera lorsque les plantes auront développé leurs feuilles séminales ; on doit les éclaircir à la cinquième ou sixième feuille. Ce serait alors le moment de les transplanter, mais il paraît que cette pratique n'a offert aucun avantage.

L'on doit étêter les plantes, quand les boutons à fleurs commencent à paraître ; cette opération a très-bien réussi sur les cotonniers *Siam* nankin et blancs.

Tout arrosage doit cesser à l'apparition des boutons à fleur ; c'est le moment de faire un dernier binage et d'aplanir le terrain. Il faut s'efforcer d'obtenir les premières fleurs avant le 15 juillet.

Le Coton *Siam* blanc s'est trouvé le plus hâtif de tous ceux qui ont été cultivés par M. Paris. Le coton *Nankin* a mûri huit à dix jours plus tard.

Quant à la manière de faire la récolte, l'auteur, tout en reconnaissant que le Coton parvenu à maturité sur la plante est préférable, propose de cueillir les capsules avant la maturité, et de les faire ouvrir soit en les exposant au soleil, soit en les maintenant à une température de dix à douze degrés. Tel est, en peu de mots, l'analyse du mémoire de M. Paris.

Il résulte d'une note (1) de M. Barthet, vice-pré-

(1) *Note sur un essai fait en Provence en 1841, pour introduire la culture du Coton dans le midi de la France,* par M. Barthet, insérée dans le *Bulletin de la Société départementale d'agriculture des Bouches-du-Rhône,* 2ᵉ série, t. II, 2ᵉ partie ; janvier, février et mars 1863.

sident de la Société départementale d'agriculture des Bouches-du-Rhône, qu'en 1811, cet honorable collègue a vu faire des essais de culture du Cotonnier en Provence. Ils furent dirigés par un cultivateur maltais recommandé à M. François Cini, ancien consul de Malte à Marseille, qui a apporté les semences de son pays. Nous laissons parler M. Barthet :

« C'est dans les environs de *Salon* qu'une pièce de terre de bonne qualité, exposée au midi et pouvant à volonté être arrosée, fut convenablement préparée pour recevoir, en temps utile, les graines qu'on allait lui confier.

« Grâce à des conditions atmosphériques favorables, ces graines levèrent fort bien ; les jeunes plantes furent l'objet des plus grands soins ; et l'été de 1811, ayant donné une somme de chaleur suffisante, la récolte du Coton fut fort bonne et telle qu'on aurait pu la désirer dans les contrées où cette plante réussit ordinairement bien.

« Ce Coton fut mis dans des enveloppes de balles de Smyrne ; on en fit huit balles qui pesaient ensemble de onze à douze cents kilogrammes. Ces huit balles, que j'ai vues et dont j'ai touché le contenu, se décomposaient en cinq balles de Coton blanc et trois de Coton roux.

« Soumis à l'appréciation des négociants qui faisaient ordinairement le commerce de cette marchandise, ce Coton fut trouvé de qualité supérieure. On ne connaissait pas encore le Coton *Jumel.* »

Nous arrivons à l'année 1830 ; la France s'empare d'Alger, et de victoire en victoire, les possessions françaises ont le désert pour limite.

Dès le principe de la conquête de l'Algérie, on se préoccupa en France de la possibilité de cultiver dans notre belle colonie les riches produits qu'on demandait à grands frais à l'étranger.

M. Hardy (1), aujourd'hui directeur du jardin d'acclimatation, fit au *Hamma* des essais de culture du Cotonnier, et ces Cotons, soumis par M. le ministre de la guerre à l'appréciation des gens compétents, prouvèrent qu'ils étaient aussi beaux que les premières qualités récoltées en Amérique.

M. Pelouze père, prenant pour point de départ son expérience comme ancien planteur de Coton à Sainte-Lucie, publia (2) en 1838, un mémoire sur la possibilité de cultiver à Alger, le Coton et autres plantes que nous demandions à l'étranger, — mémoire que nous avons déjà cité.

L'auteur, après avoir prouvé que l'Algérie, par la

(1) *Bulletin des travaux de la Compagnie algérienne,* numéros 3, 4 et 5.

(2) *Exposé complet de la culture du Coton aux Antilles,* précédé d'un aperçu de cette culture dans les États-Unis d'Amérique, etc.

variété de son climat, peut lutter avec beaucoup d'autres contrées privilégiées, explique comment il veut mettre à profit sa vieille expérience pour donner des conseils aux planteurs algériens.

La première partie du travail de M. Pelouze père contient des réflexions préliminaires sur les cultures qui semblent opportunes dans le climat de l'Algérie. Le sucre, l'indigo, le coton et le tabac sont, à son avis, les produits immédiats les plus utiles.

En première ligne se trouve le Cotonnier; l'auteur, recommande, d'une façon particulière, le *Sea-Island*, qui doit se cultiver dans toute la plaine de la *Metidja*, jusqu'à dix lieues, au moins, dans l'intérieur du pays.

« On doit cultiver aussi le Cotonnier de Surinam, qui croît à merveille dans les plus petites fissures de la roche, en s'y aplatissant dans ses racines qui s'y cramponnent. C'est dans ces terrains que le Cotonnier produit le plus, tandis que dans les terrains, gras, il ne mûrit qu'imparfaitement ses capsules.»

« A Sainte-Lucie, les propriétaires de ces terrains autrefois arides, sont devenus les plus riches par l'introduction de ce Cotonnier. »

Dans le deuxième chapitre, l'auteur retrace, d'après les producteurs des États-Unis, leur opinion sur la culture du Cotonnier dans ces contrées; il prouve que le sel est utile pour la production du Coton *Sea-Island*, qui réussira parfaitement en Algérie. Le *Géorgie*, à longue et courte soie, se trouve dans les mêmes conditions.

Après avoir donné les caractères botaniques du Cotonnier et ses principales espèces et variétés, l'auteur passe à la seconde partie de son mémoire.

Le choix et la préparation du terrain, celui de la semence, l'époque et le mode d'ensemencement, les soins à donner aux Cotonniers jusqu'à l'époque de la fructification, la floraison de cette malvacée, la récolte du Coton, les soins et précautions qu'elle exige, les principaux insectes nuisibles aux Cotonniers, et un aperçu du rendement des terres, qui, dans les Antilles, sont plantées de Cotonniers, se déroulent tour à tour aux yeux du lecteur de la brochure que nous venons de passer en revue.

Ce mémoire parut si intéressant au ministre de la guerre que Son Excellence l'envoya à l'Académie des sciences, en lui demandant son opinion à ce sujet.

L'Académie, dans sa séance du 12 mars 1838, entendit le rapport d'une commission composée de MM. SILVESTRE, DE JUSSIEU, TURPIN, DELESSERT, et qui avait choisi M. DE MIRBEL pour son rapporteur. Ce travail confirme les études de M. PELOUZE père. On nous saura gré d'en transcrire le passage suivant:

« Passons à la culture du Cotonnier, elle est peu dispendieuse et elle assure des bénéfices immédiats et avantageux ; il est également certain qu'elle n'exige pas une température supérieure à celle de l'Algérie. En effet, le climat de beaucoup de points des côtes et des îles de la Méditerranée où l'on cultive le Coton, est moins chaud que celui de notre nouvelle colonie.

« Quant à la nature du sol, on pourrait s'imaginer, d'après ce que rapportent les voyageurs, que le Cotonnier y est tout à fait indifférent ; il est de fait qu'il prospère, en Égypte, dans la terre franche ; en Syrie, dans la terre argileuse ; en Arabie, dans la terre sablonneuse ; en Sicile, dans un sol volcanique ; aux Indes, en Afrique, dans quelques points des Antilles, sur des montagnes rocheuses. Des terrains silico-calcaires produisent, en Géorgie et en Caroline, des Cotons de qualité supérieure, etc. »

Le jugement de l'Académie des sciences s'est confirmé en tous points ; mais nous voulons, pour le moment, suivre la chronologie des faits.

Nous avons dit précédemment que c'est dans la pépinière centrale du gouvernement, au *Hamma*, que les premières études sur la culture du Cotonnier furent faites en Algérie.

Les résultats obtenus par M. HARDY mirent en émoi les cultivateurs algériens, plusieurs s'adressèrent à la pépinière centrale pour se procurer des graines de Cotonnier.

Les expériences se multiplièrent, quelques-unes réussirent, d'autres furent annulées ; mais les études étaient faites et les réussites comme les insuccès avaient porté leur fruit.

Un ouvrage, publié par M. HARDY, aida les cultivateurs dans leurs travaux, et leur indiqua la voie à suivre. Ce travail, fruit d'une longue expérience dans le pays, n'a pas peu contribué à l'accroissement de la culture et des produits Cotonniers.

La culture du Cotonnier en Algérie se trouvait ainsi jugée ; elle pouvait réussir. Aussi le décret de l'EMPEREUR, en date du 16 octobre 1853, accordant des primes pour la culture du Coton en Algérie, fut-il accueilli avec reconnaissance par les colons.

Un premier concours eut lieu en 1854. Il prouva toutes les ressources que la métropole pourrait tirer de l'Algérie, au point de vue de la culture du cotonnier.

C'est en vain que les détracteurs de notre belle colonie firent entendre leur voix pour empêcher la continuation de ces *primes au travail* ; fort de l'appui des hommes d'intelligence, l'EMPEREUR maintint son opinion, qui fut confirmée à l'exposition universelle de 1855, où vingt espèces diverses de Cotonnier furent exhibées par M. HARDY, sans compter les quantités qui furent apportées par divers colons.

Le jury fut unanime pour décider que le Cotonnier avait pris droit de cité en Algérie, et que son produit était d'excellente qualité.

Passons sous silence les 12,000 hectares de terrains cultivés en Cotonniers, en l'année 1855, dans la seule province d'*Oran*, et M. Sibour, ce colon de *Saint-Denis du Sig*, qui cultivait, à lui seul, 55 hectares de Cotonniers en 1854, et 105 hectares en 1855.

Terminons-en avec l'Algérie par l'extrait suivant du journal l'*Économiste français* (avril 1865).

« Le coton cultivé dans notre colonie a produit, à l'exportation : 4,301 kilogrammes de Coton en 1853; 12,369 kilog. en 1854; 81,893 kilog. en 1855; 104,000 kilog. en 1858; 149,000 kilog. en 1860; 297,000 kilog. en 1861, et 376,000 kilog. en 1864.

« Les superficies cultivées en Cotonniers dans la colonie représentent un total de 100,000 hectares. »

Mettons ce chiffre sous les yeux des détracteurs de l'Algérie.

Des esprits étroits prétendent que la culture du Cotonnier est impossible dans le Midi de la France, mais les faits pratiques démentent leurs assertions.

M. Arnaud, homme d'affaires de M. le marquis de Fournès, a fait, en 1861, des essais de culture à *Remoulins*, dans des terres d'alluvions des bords du Gardon, au voisinage du pont du Gard, et il a tellement réussi, qu'en 1862, 69 hectares étaient semés par le propriétaire, et donnaient de beaux et bons produits. Trois hectares semés en 1863 ont moins bien réussi; mais il convient d'observer qu'on avait essayé de nouvelles espèces.

M. le comte de Saporta, dans une des séances de la

Société d'horticulture de Marseille, présenta du Coton *Géorgie longue soie* récolté dans ses terres du département du Var. Le terrain est de bonne qualité et arrosable. Les graines avaient été semées le 15 mai 1863 : la première récolte a été faite le 1er octobre, et, successivement, jusqu'au 15 décembre. Les gousses ont supporté toutes les pluies de l'automne, ainsi que les quelques gelées du commencement de l'hiver : ce qui prouve qu'on peut laisser sur pieds les gousses jusqu'à leur parfaite maturité.

Nous-même, depuis dix ans, présentons à la Société départementale d'agriculture des Bouches-du-Rhône des travaux pratiques démontrant la possibilité de cultiver le Cotonnier, presque sans soin et surtout sans arrosage, dans le département des Bouches-du-Rhône. L'on peut consulter, à ce sujet, un mémoire publié (1) dans les *Annales du Génie civil*.

Ce volume ne suffirait pas, si nous voulions enregistrer toutes les tentatives, plus ou moins fructueuses, faites dans le midi de la France, et démontrant la possibilité de cultiver le Cotonnier.

Nous terminerons la première partie de ce chapitre par quelques extraits du rapport fait à la chambre d'agriculture d'Arles, sur un essai de culture du

(1) *Études faites dans le département des Bouches-du-Rhône, sur le semis de diverses espèces de cotonniers.* (*Annales du Génie civil.* Octobre, 1864, p. 26)

Coton fait en Camargue, dans l'année 1864, par M. Digoin.

Le Cotonnier *Louisiane* courte soie et le *Géorgie* longue soie ont été semés par M. Digoin.

Placés en tête d'une garancière nouvelle, les *Louisiane* firent leur croissance, et commencèrent à fleurir le 3 juillet; les premières capsules furent mûres et ouvertes le 1er septembre, et la production continua sans interruption du 1er septembre jusqu'au 15 décembre.

L'on commença la cueillette du Coton *Géorgie* longue soie le 15 octobre et elle finit avec le mois de décembre.

Nous croyons avoir démontré que la culture du Cotonnier peut se faire dans le midi de la France et l'Algérie; il nous reste à étudier les espèces ou variétés qu'on doit y cultiver.

QUELLES SONT LES ESPÈCES DE COTONNIER QU'ON DOIT CULTIVER DANS LE MIDI DE LA FRANCE ET L'ALGÉRIE.

Partout où la culture du Coton Géorgie longue soie est possible, on doit le mettre en première ligne; viennent ensuite le Coton Siam nankin et blanc, le Coton Louisiane long et Louisiane blanc, le coton nankin de Chine et nankin de Malte terminent la série des Cotonniers rendant de bons produits dans le midi de la France et en Algérie.

M. HARDY cultive dans le jardin d'acclimatation du *Hamma* (Algérie), les Cotons Nouvelle-Orléans, de Monterey, Kian-nan, mexicain du petit golfe, Dean-New-York, Dean-from-Georgia, Louisiane long, Coton d'Ivice, Dean-Texas, pur mexicain, Bunchs, du Mississipi, de Castellamare blanc, Élous-Prolific, Louisiane blanc, Nankin de Malte, Nankin de Chine et Géorgie longue soie.

L'on doit étudier ces diverses qualités, de même que le Coton du nord de la Chine introduit par M. DE MONTIGNY.

CHAPITRE VIII.

ÉTUDES SUR LE COTON, TENDANT A OBTENIR DU CULTIVATEUR DES QUALITÉS *extra*.

L'alliance de la science et de l'industrie c'est le progrès, c'est la richesse du pays.

DABELAY jeune.

La première question à poser au planteur de Cotonniers est la suivante : Qu'est-ce que le Coton ?

Le Coton est une fibre végétale destinée à préserver la graine du contact des corps durs, et à la porter, sur l'aile des vents, dans les directions qu'ils lui impriment. Tels sont, en deux mots, les propriétés élémentaires du duvet qui nous occupe.

Mais l'homme a le droit d'entrer en possession de tout ce qui se trouve sur la terre, et après des études sérieuses il parvient souvent à changer la nature des objets et à faire tourner à son profit des propriétés qui, dans le principe, avaient une tout autre destination. C'est ainsi qu'on doit opérer pour la fibrille qui nous intéresse.

Si nos yeux seuls ne peuvent déterminer la na-

ture des objets et nous montrer les obstacles contre
lesquels viennent se briser nos études, nous devons
avoir recours au microscope ; cet instrument, gros-
sissant les objets, nous montre leurs défauts, et chacun de nous peut alors viser au perfectionnement
du produit.

Le Coton est un poil plus ou moins long, selon les
espèces, et soudé à la graine. Si nous examinons au
microscope une de ces fibrilles arrachées de la
graine, nous avons sous les yeux un ruban ou tube
diaphane, aplati et creusé au milieu, dans le sens
de sa longueur, par une rigole. Le bout libre est
terminé en cône obtus, et celui qui était adhérent
à la graine est plus au moins bien coupé carré-
ment.

Plus la fibrille est longue, homogène, se tordant
sur elle-même et sans défaut, plus le Coton acquiert
de prix. Dans le cas où la partie centrale ou corticale
de la fibrille se trouve atteinte d'un vice de conformation, il en résulte que, soit en égrènant le Coton
ou en le travaillant, la fibrille se casse dans ce point
et cause ainsi un grand préjudice au fabricant, préjudice qui rejaillit en première ligne sur le produc-
teur.

Pour tout dire en peu de mots, voulez-vous avoir
un Coton d'un prix extraordinaire, attachez-vous à
obtenir des fibrilles longues, fines, flexibles ou élas-
tiques, tenaces et homogènes.

Comme l'a fort bien dit un auteur : « La longueur, la finesse, la flexibilité, la ténacité et l'intégrité se justifient d'elles-mêmes : plus les filaments sont longs, moins il en faut, toutes choses égales

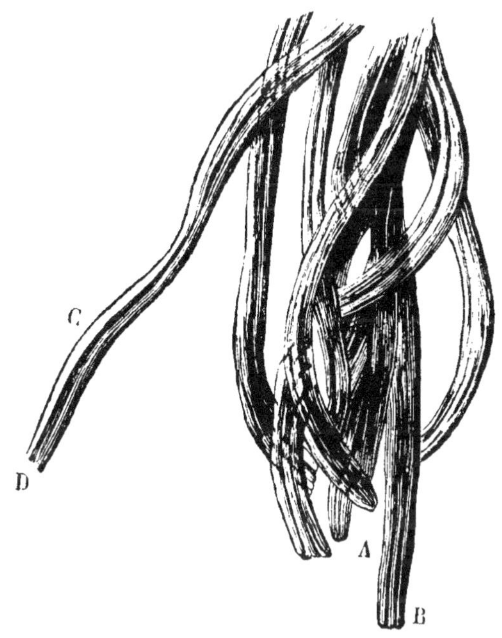

FIBRILLES DE COTON VUES AU MICROSCOPE.

A, bout libre terminé en cône obtus. — B, côté de la fibrille adhérent à la graine. — C, fibrille isolée ressemblant à un ruban diaphane. — D, Rigole du milieu de la fibrille.

d'ailleurs, pour arriver au résultat ; plus ils sont fins, plus leur nombre et la solidité augmenteront, par unité de section, la ténacité du résultat dépendant de la somme de ténacité et d'élasticité des fibres qui le constituent, si elles n'ont pas été altérées et si elles n'ont rien perdu de leur intégrité à l'égrenage et à l'épluchage. »

Cette opinion doit servir de règle aux agriculteurs; qu'ils se persuadent bien que l'industrie sera heureuse de payer à des prix rémunérateurs les cotons qui se rapprocheront le plus des types demandés.

Les Cotons *Sea-Island* et *Géorgie longue soie* en sont un exemple, car ils ont toujours un prix de beaucoup supérieur aux autres qualités de fibres, et encore, dans ces espèces, l'on trouve des *surchoix* qui se payent excessivement cher. Il est hors de doute que si l'on parvenait à perfectionner les fibres de ces Cotons, leurs prix atteindraient des limites inconnues jusqu'à ce jour.

Pour obtenir des Cotons *extra* aux yeux des filateurs, l'on ne saurait prendre trop de précautions, car il en est du Coton comme de la laine; si vous avez dans un troupeau quelques toisons de moins belle qualité et que vous les mêliez avec les laines supérieures, quoique ces dernières soient en très-grande majorité, le produit perd de son prix. Il en est de même du végétal qui nous occupe.

L'on ne saurait trop engager les cultivateurs à prendre grand soin de séparer les Cotons recueillis bien mûrs de ceux qui le sont moins, et à se précautionner pour l'empêcher de se salir ; bien entendu que les Cotons qui ne sont pas mûrs, et par-dessus tout, ceux qu'on n'a pas eu le soin de faire sécher, se trouvent dans les plus mauvaises conditions, attendu que s'ils résistent à l'égrenage, ils n'en sont pas moins défectueux, se brisent aisément et sont une perte de temps pour le filateur, qui les paye à très-bas prix.

Désireux de donner à nos lecteurs une idée de ce que l'on peut perdre ou gagner sur le Coton, selon la manière dont on le récolte, nous leur dirons, que chacune des qualités de Coton est divisée en plusieurs catégories, variant à tel point, que dans le coton *Géorgie longue soie* il se trouve une qualité désignée sous le nom de *non-pareil*, qui est très-rare, et dont le prix est de vingt-six francs le kilogramme.

Voilà la qualité que nous devons tâcher d'obtenir ; et nous n'y parviendrons qu'en étudiant journellement les produits de nos cultures, les engrais de toutes sortes, les modes d'arrosage, en pratiquant la sélection, et même la fécondation artificielle.

Le propriétaire qui parviendrait à produire annuellement la qualité de Coton que nous venons de citer serait sûr d'un bon débouché et de prix rémunérateurs ; c'est donc vers ce but que doivent tendre tous les efforts des planteurs.

Suivons les préceptes de SÉNÈQUE : « Étudions la nature, hasardons quelques conjectures sans présumer d'avoir atteint la connaissance de la vérité, mais aussi sans désespérer d'y parvenir. »

Marchons toujours en avant, sans nous retourner pour mesurer l'espace que nous avons franchi et sans nous laisser arrêter par les sarcasmes de ces hommes qui, ne pouvant atteindre le but que vous vous proposez, sont jaloux de voir des praticiens marcher d'un pas ferme vers la découverte de la perfection.

Méditons sans cesse ces paroles de NAPOLÉON Ier (1): « La véritable industrie ne consiste pas à exécuter avec tous les moyens connus et donnés : l'art, le génie est d'accomplir en dépit des difficultés et de trouver par là peu ou point d'impossible. »

(1) *Mémorial de Sainte-Hélène.*

CHAPITRE IX.

> L'homme ne sait pas assez ce que peut la nature,
> ni ce qu'il peut sur elle.
>
> BUFFON.

Si nous en croyons ce que dit M. DE LASTEYRIE, dans son ouvrage, aux *Indes*, un pied de bonne qualité de Cotonniers en arbre, espacés les uns des autres de huit décimètres, donnerait 150 grammes de Coton nettoyé.

En *Espagne*, 42 ares 22 centiares, produisent 738 livres de Coton en grain. La livre d'Espagne pesant 459 grammes, le bénéfice, d'après l'auteur ci-dessus désigné, serait de 381 francs

Dans les *États Unis d'Amérique*, le rendement de la culture du Cotonnier s'élevait en 1807, d'après M. MICHAUD, à 350 francs net par acre (l'acre contient 50 ares). Le major TOUTLER évalue, de son côté, la récolte par acre, soit 50 ares, à 200, 250 et même 400 livres de coton nettoyé.

Si à l'époque dont nous parlons, on se servait aux *États-Unis* de la livre troy ou impériale, usitée en *Angleterre* pour les matières sèches, ce serait un poids de 373 grammes; si, par contre, on parlait de la livre *avoir-du-poids* (1), elle équivaudrait à 453 grammes 5 centigrammes de notre poids métrique.

D'après M. PELOUZE père, l'arpent de Paris, soit 34 ares 19 centiares, cultivé en Cotonnier dans les *Antilles*, rendait 265 livres de coton net. Nous supposons qu'il s'agit de la livre de 400 grammes.

En ALGÉRIE, il résulte des études faites par M. HARDY, que l'hectare de terrain cultivé en Coton *Jumel*, rendrait 367 fr. 50 cent., tous frais payés, et le *Coton Géorgie longue soie* 1,141 francs.

M. SIBOUR, à *Saint-Denis du Sig* (Algérie) a cultivé le Cotonnier Géorgie longue soie, dans sa ferme

---

(1) Le mot *Avoir-du-poids* est en usage depuis longtemps en Angleterre pour désigner une espèce de livre différente de la livre troy, dont la dénomination est également d'origine française. La livre troy anglaise était l'équivalent du marc de Troyes, dans l'Aube.

Le terme *avoir-du-poids* figure pour la première fois dans une charte d'Édouard Ier (1303) avec la signification de *peser*, et il est répété dans le même sens dans un statut d'Édouard III (1253). Ce statut ordonne l'unité de mesure et de poids, et ajoute « et que liens et tut' maner de avoir du pois soint poises par balaunces. » Le premier statut qui employa ces mots comme signifiant un poids déterminé est de Henri VIII (1532) : « Le bœuf, le porc, le mouton seront vendus au poids nommé *haver-du-pois*. »

de *Saint-Paul*. La première année, 1852, ce planteur a obtenu 1,600 kilogrammes de Coton par hectare, et 2,000 kilogrammes l'année suivante; mais ses fermiers n'ayant pas voulu soigner les plantes comme il l'avait recommandé, la moyenne n'a plus été que de 500 kilogrammes par hectare.

A *Oran*, le Cotonnier réussit sans arrosage dans les terres où le sous-sol est frais et qui a été approfondi convenablement. M. REVERCHON a cultivé un hectare de terrain n'ayant reçu d'eau que celle du ciel, et qui a produit 863 kilogrammes de Coton première qualité, tout récolté le 30 novembre.

A *Blidah*, une femme espagnole qui avait planté 200 pieds de Cotonniers dans le jardin de son mari, en a retiré 60 francs de Coton.

On lit dans le *Courrier de Tlemcen* (1864) que M. CASTILLO fils, propriétaire, a récolté 18,000 francs de Coton sur 4 hectares; M. PEDRO FERNANDEZ, 70,000 francs sur 14 hectares, et M. PANIER, 100,000 francs sur 23 hectares. La dépense de l'hectare est évaluée à 600 francs; elle était de 1,000 francs la première année, à cause des défrichements et des labours.

Si nous consultons l'ouvrage de M. G. DEVICENZI (1), président de la commission royale de l'exposition des

(1) *Prima esposizione dei Cotoni italiani* 1864. *Memorie e relazioni intorno la coltivazione del Cotone.* Part. I. —Torino, 1864.

Cotons italiens, nous y lirons qu'en 1863, dans la circonscription de *Terra-Nova*, la moyenne du rendement est de 7 quintaux par hectare, le quintal pesant 50 kilogrammes.

Dans la commune de *Noto* M. DE LORENZO NICOLACI NICOLAS a obtenu, graines comprises, 925 kilogrammes de Coton *Siam blanc* par hectare. Les Cotons *Louisiane* et *Sea-Island* n'ont rien produit.

M. Gasparo MANCERI, dans la même commune, obtient dans sa propriété complantée en Cotonniers *Siam blanc* et qui ont été arrosés, 600 kilogrammes de Coton égrené par hectare.

M. LIBRA CORRADO, cultivant la même race de Cotonniers sans arrosage, retire d'un hectare 96 centiares, 394 kilogrammes de Coton, privé de ses semences.

Dans la même contrée, et sur la même qualité de Cotonniers, toujours sans arrosage, M. BONFANTI TAVANA GIUSEPPE récolte par hectare, 454 kilogrammes de Coton parfaitement nettoyé.

Quant à M. GUASTALLA ANTONIO, qui cultivait le même Cotonnier, sans arrosement, mais qui a supporté la maladie désignée sous le nom de *nielle*, il n'a obtenu par hectare que 250 kilogrammes de Coton égrené.

En *Sicile*, dans la commune de *Coniso*, le Coton dit *herbacé*, réussit parfaitement ; M. MORSO VINCENZO a obtenu 1,000 kilogrammes de Coton non égrené par hectare. Les 3 kilogrammes donnent après l'égrenage un kilogramme de Coton.

La moyenne du rendement dans cette commune est de 200 kilogrammes de Coton par hectare.

M. DE MARTINO ANGELO, seul de sa commune, dans un terrain silico-calcaire, ayant été arrosé d'abord en semant, puis à la fin de juin, fin juillet et 20 août, a obtenu, sur un semis de 6 hectares, 300 kilogrammes de Coton égrené par chaque hectare de terrain.

Dans la commune d'*Avola*, M. CARLO LORETO avait semé 3 hectares 22 ares, de la même qualité de Cotonnier *herbacé*; ce propriétaire a obtenu 312 kilogrammes de Coton à l'hectare; cette plantation avait été arrosée, et l'on parle de Coton non égrené, mais d'excellente qualité.

M. FRANCESCO AZZOLINI, sur 30 ares 52 centiares, non arrosés, et après avoir vu périr un quart de ses plantes, a obtenu 156 kilogrammes de Coton avec la semence, qui ont rendu, nettoyés, 40 kilogrammes de duvet.

Le Coton *Siam blanc*, cultivé dans la même commune, par M. INNOCENZO MAZONE, sans arrosage, a produit 20 kilogrammes de Coton non égrené par are.

Si nous consultons M. le marquis RUDINI, qui a cultivé sans arrosement 349 hectares, dans la commune de *Pachino*, qui étaient semés en Cotonniers *Siam blanc*, il vous répondra qu'il a récolté 935 kilogrammes de Coton non égrené par hectare. Ce propriétaire pense que le Coton *Louisiane* réussirait mieux.

M. Tosca Lucio, comte d'Almorita, propriétaire dans la province de *Palerme*, cultivait diverses espèces de Cotonnier ; le rendement par hectare a été le suivant : *Sea-Island, Louisiane, Égypte, Seda-Media*, de chaque espèce, 221 kilogrammes.

L'*Égypte* et le *Maké* lui ont rendu 206 kilogrammes ; le Cotonnier *Siam*, 250 kilogrammes, et le Coton dit *herbacé*, non arrosé et dans un terrain peu profond, 79 kilogrammes par hectare.

Dans la commune de *Rosano*, M. Barbilace (François) a cultivé le Coton *Siam blanc*, qui lui a rendu 1,332 kilogrammes par hectare avec la semence ; dépourvu de graine, l'on a obtenu 400 kilogrammes de Coton par hectare.

La province de *Naples* donne des résultats différents, selon que le terrain est arrosable ou non. Dans les endroits arrosés, l'hectare rend de 20 à 28 quintaux de 50 kilogrammes, et dans les localités non arrosées de 13 à 18 quintaux.

L'empereur Napoléon III est possesseur de terres situées dans les province de *Macerto*, commune de *Civita-Nova* ; son intendant, Hilaire Eugenio, dans un terrain de médiocre qualité, a obtenu 520 kilogrammes de Coton *Sea-Island*. A l'égrenage, ce Coton a produit 166 kilogrammes de duvet et

354 kilogrammes de semence. Il est à remarquer
que l'année 1863 a été très-sèche, ce qui a fait périr
nombre de plantes et a diminué le rendement, qui,
l'année précédente, se trouvait plus élevé.

En plaine, le Coton *Géorgie longue soie* a rendu
650 kilogrammes de Coton, graine comprise, et
32 pour cent à l'égrenage. Le *Louisiane longue soie*,
644 kilogrammes par hectare et 25 pour cent égrené.
Dans un terrain appelé *Monte-Santo*, sur une col-
line exposée au nord, 730 kilogrammes Coton non
égrené, rendent 25 pour cent à l'égrenage.

Dans la commune de *Sinalunga*, le comte DE GORI
sénateur, a récolté 375 kilogrammes de coton par
hectare, qui ont été réduits par l'égrenage à 105 kilogrammes.

M. GIOVANI DI BARTOLO (1) dit qu'en Sicile, dans
les terres de première classe, on récolte, par hectare,
de cinq à six quintaux métriques de Coton égrené.
(Le quintal métrique équivaut à 100 kilogrammes.)
Celles de seconde et de troisième classe, donnent
de deux et demi à quatre quintaux métriques, les
quatrième et cinquième classes, de un à trois quintaux métriques, et la sixième, un plus ou moins grand
produit, selon leur position et les avantages particu-
liers que ces positions procurent.

En France, M. le marquis de FOURNÈS, près le

____

(1) *Della coltivazione del cotone secondo le antiche pratiche
de Terra-Nova in Sicilia* (1864).

pont du Gard, a obtenu un rendement de 800 kilogrammes par hectare pour le Coton *Géorgie longue soie*. D'après des essais faits en 1863, l'hectare de terrain complanté en Coton *Géorgie longue soie* donnerait un bénéfice net de 500 francs par hectare, le kilogramme de Coton se vendant de 4 fr. à 5 fr.

M. Digoin, en 1864, a obtenu dans la Camargue un rendement de 622 kilogrammes par hectare pour le Coton *Louisiane*, et 291 kilogrammes de coton *Géorgie longue soie* pour la même superficie.

—

Des nombreuses études que nous avons faites par nous-même, non sur quelques plantes en serre et bien soignées, mais au contraire, dans les plus mauvaises conditions de culture, telles que terres non défrichées ou nouvelles, pas d'arrosage, presque sans soins et le tout sur plusieurs ares de terrain, il résulte les observations suivantes :

Si l'on prend au hasard cent capsules non choisies, c'est-à-dire parties de première récolte, et en suivant jusqu'aux plus tardives toutes ces gousses venues dans des conditions identiques et sur le même terrain, les cent capsules donnent pour résultat à l'égrenage :

Cotonnier *Géorgie longue soie*, 38 grammes de Coton et 125 grammes de graine.

Le Cotonnier *Nankin de Chine* produit 26 grammes de Coton et 124 grammes de graine.

Quant au Cotonnier *Nankin de Malte*, son résultat donne 30 grammes de Coton et 15 grammes de graine.

Le Cotonnier *Louisiane blanc* (*Caroline à graines vertes*) nous a donné pour résultat de nos études, pour cent capsules, 140 grammes de Coton et 300 grammes de graine.

Nous espérons que ces études, patiemment suivies pendant dix ans, auront quelque intérêt pour nos lecteurs, et les engageront à poursuivre des résultats pratiques.

Terminons ce trop long chapitre par les paroles suivantes, empruntées à M. Louis ENAULT :

« L'expérience est un fruit que chacun doit prendre soi-même à l'arbre épineux. Il se change en cendres et en vaine poussière, comme la pomme de Sodome, dans la main qui voudrait le cueillir pour un autre. »

CHAPITRE X.

ÉGRENAGE DU COTON, MACHINES PROPRES A CET USAGE.

> Nécessité d'industrie est la mère.
>
> GRESSET.

L'égrenage du Coton est un travail de la plus haute importance, car c'est en vain qu'on aurait pris toutes les précautions que nous avons indiquées, et que la récolte serait abondante, si l'on n'arrivait à céder au commerce la fibrille élémentaire du Coton dans un bon état de conservation et propre aux usages que nous connaissons tous.

Quelques personnes pensent qu'il y a plus d'avantage pour le cultivateur de vendre son Coton en pierre (1) que de l'égrener. Il ne nous appartient pas de décider cette question, surtout aujourd'hui où, grâce à la vapeur, l'on voit s'élever dans le pre-

---

(1) L'on appelle Coton en pierre celui qui contient le Coton et la graine, tels qu'on les récolte.

mier port de la Méditerranée des égreneuses puissantes qui font en peu de temps le travail de plusieurs centaines d'ouvriers.

Telle se présente l'usine établie à Marseille par la maison PÉLISSIER DE CHABERT; nous croyons que c'est la première usine établie en France sur une aussi vaste échelle. Son avantage consiste non-seulement dans l'égrenage du coton aux meilleures conditions, mais encore dans la possibilité d'utiliser immédiatement la graine en procédant à l'extraction de l'huile qu'elle contient.

Dès qu'on a récolté le Coton, il faut le tenir à l'abri de toute cause de dévastation. Les rats, grands amateurs de la graine, sont une des premières causes de détérioration, car, non contents de manger la semence, ils gâtent le Coton.

Si l'on ne préserve le Coton de l'humidité, sa fibre se relâche et il perd considérablement de sa valeur. Inutile de dire que la moindre impureté est une cause de déchet.

Il est indispensable de bien laisser sécher le Coton avant de procéder à son égrenage; dans le cas contraire, les semences s'écrasent, et, par la sortie de l'huile qu'elles contiennent, le Coton se tache et se détériore complétement.

Avant de commencer l'égrenage, quelques planteurs battent le Coton sur des claies en jonc ou en roseaux, pour le priver ainsi des fragments de feuilles, terre ou autre déchets, qui passent en dessous de la claie.

Dans d'autres contrées, on place le Coton dans un panier en roseaux et on l'agite; par ce moyen les impuretés passent à travers les intervalles du panier et le Coton reste dedans. Ce procédé, usité dans les contrées où l'on cueille coque et tout, ne peut se citer pour modèle, car on a observé que le Coton traité de cette façon perd de son brillant et de son prix.

A *Terra-Nova*, pour nettoyer le coton l'on se sert de cribles. Cet instrument a un mètre de diamètre, le cercle de bois qui l'entoure est de vingt centimètres. L'on s'en sert en émiettant fortement le Coton sec avec la main, le crible, qui est suspendu par une corde de boyau, se maintient par la pression du ventre de l'ouvrier d'un côté, et le mur de l'autre côté.

Le Coton parfaitement dépouillé de tout corps étranger doit se séparer de la semence. Maints et maints appareils ont été imaginés pour atteindre ce but.

Dans l'*Inde*, on prétend que les mousselines peuvent s'obtenir seulement par l'égrenage à la main. Ce procédé, qui demande à l'ouvrier trente à trente-six heures pour obtenir 500 grammes de Coton épluché, qu'on file ensuite à la main, n'est plus de notre époque, et il serait aisé de prouver que les mousselines françaises, obtenues par des moyens mécaniques, arriveront un jour à égaler, sinon à surpasser en beauté celle des Indes.

La première machine qu'on a construite pour égrener le Coton, se composait de deux rouleaux cannelés, posés horizontalement, qui tournaient en sens contraire par le moyen de deux roues mises en mouvement par des cordes qui les entourent, de la même manière que le pratiquent les tourneurs et les fileuses au rouet ; de sorte que l'ouvrier, étant assis, peut, avec le pied, communiquer le mouvement, tandis qu'avec les mains il présente le Coton aux rouleaux, qui le pincent, le saisissent, l'entraînent et le laissent tomber dans des sacs attachés aux côtés opposés, sous le châssis, après que les graines en ont été débarrassées, l'espace qui est entre les rouleaux étant moindre que la grosseur des graines, qui tombent à terre en laissant passer le duvet qui les enveloppe.

Toutes les pièces qui composaient cet appareil étaient en bois d'Amérique, dont la solidité est à toute épreuve. L'avantage de ce bois est d'avoir la dureté du fer ; en outre il l'emporte sur ce métal, par l'avantage qu'il présente de ne jamais s'oxyder.

En 1793, un Américain, ELIE WHITNEY, imagina une autre machine pouvant égrener de 20 à 30 kilogrammes de Coton par jour, et qu'on désigne sous le nom de *Roller-Gin*. Elle sert pour les Cotons courte-soie.

L'année suivante, le même inventeur perfectionna son appareil, qui est encore un des plus usités. Un manége à trois mulets et deux personnes pour alimenter et soigner le travail, produit de 700 à 1000 kilogrammes de fibres égrenées. Il porte le nom de *Saw-Gin*.

Vient ensuite l'égreneuse PLATT, qui produit environ 500 kilogrammes de Coton égrené par semaine.

La machine à égrener de FRANÇOIS DURAND présente de grandes améliorations. Dans les expériences faites au Conservatoire des Arts-et-Métiers, où l'on a opéré sur des Cotons *Géorgie longue soie* et des Cotons *courte-soie*, le premier, provenant d'Algérie, a produit, par heure, 2 kilogrammes 50 grammes de Coton égrené, et pour le Coton *courte-soie*, 4 kilogrammes de Coton nettoyé par heure.

Ce constructeur fait des machines pouvant être manœuvrées par une seule femme ; il les établit à un prix très-raisonnable.

En Italie, on emploie la machine du système MACARTHY, l'égrenoir WANKLYN, la machine de MANGANELLO, une autre appelée SCANNELLO (petit escabeau), et la machine DUNLOP.

M. GIOVANI DI BARTOLO recommande comme la

meilleure celle de Macarthy, construite par Platt, avec laquelle trois femmes obtiennent dans la journée 30 kilogrammes de coton épluché.

Tels sont, en peu de mots, les détails dont nous avons cru devoir entretenir nos lecteurs, pensant que sur ces données, chacun parviendra à trouver la machine qui lui conviendra le mieux.

CONCLUSIONS

Des études auxquelles nous venons de nous livrer
il nous semble pouvoir conclure :

Qu'on peut cultiver le Cotonnier dans beaucoup
de terrains, pourvu que la température de la contrée ne s'abaisse pas trop vers les mois d'octobre et
novembre;

Qu'en ayant le soin de fumer convenablement les
terres, de bien choisir les semences, selon les localités dont on dispose et les lieux qu'on habite, l'on
obtiendra de bons résultats.

Nous ne saurions trop recommander d'agir pru-
demment au début de cette culture, d'occuper un
petit espace de terrain pour y faire ses études, et de
bien se rendre compte des résultats, sans idée pré-
conçue.

Les soins à donner aux plants de Cotonnier sont,
à peu de chose près, ceux dont nous sommes obli-
gés d'entourer plusieurs de nos légumes, tels que
les melons et tomates en pleine terre.

Les insectes et autres inconvénients que rencontre

cette culture sont identiques à ceux auxquels sont journellement exposés nos melons, maïs, canne à sucre de la Chine (dite sorgho à sucre), haricots et autres plantes de ce genre, cultivées dans nos champs depuis très-longtemps.

Des études sur la culture du Cotonnier dans diverses contrées, il résulte que cette plante se propagera dans le midi de la France, et que le succès de sa culture est assuré pour l'Algérie.

Si l'on veut se donner la peine d'étudier avec soin les terrains et les variétés de Cotonnier qui peuvent se produire, l'on parviendra, dans un temps plus ou moins long, à obtenir un produit en Coton qui sera peut-être supérieur au fameux *Sea-Island* et au Coton *non-pareil*.

La somme des rendements produits par le Cotonnier dans les diverses contrées où il a été cultivé, prouve qu'il sera d'autant plus rémunérateur qu'on prendra plus de précautions pour préserver le Coton de toutes causes de détérioration, et qu'on cultivera l'espèce ou la variété le plus appropriée au sol dont on dispose.

Il est d'observation que la première récolte faite sur un terrain où l'on introduit la culture du Cotonnier est généralement inférieure en qualité de fibres ; celles provenant des graines récoltées sur place ou de cultures subséquentes tendent à s'améliorer.

Des études pratiques prouvent que le Cotonnier est non-seulement utile par son duvet, mais encore par le fil qu'on peut obtenir de sa tige, et qui est plus beau que le chanvre et le lin.

N'abusons pas davantage de la patience de nos lecteurs, et prions-les de méditer ces paroles de M. le docteur Bossu :

« A mesure que le champ des découvertes est défriché par des pionniers infatigables, un nouveau sillon s'ouvre et réclame l'attention des travailleurs. »

FIN.

TABLE DES MATIÈRES.

CHAPITRE Iᵉʳ.

CHAPITRE II.

Chapitre III.

Chapitre IV.

Chapitre V.

Chapitre VI.

Chapitre VII.

Chapitre VIII.

Chapitre IX.

Chapitre X.

Paris—Typ. de Cosson et Comp., rue du Four-St. Germ., 43.

EXTRAIT DU CATALOGUE

DE LA

LIBRAIRIE SCIENTIFIQUE, INDUSTRIELLE ET AGRICOLE

EUGÈNE LACROIX

15, Quai Malaquais Paris.

CHAPITRE Ier.

MATHÉMATIQUES PURES ET APPLIQUÉES. — TENUE DES LIVRES. — CALCULS. — TARIFS. —GÉOMÉTRIE, etc. etc.

ADHÉMAR J.). **Cours de mathématiques** *à l'usage de l'ingénieur civil*, comprenant :

Traité d'arithmétique et d'algèbre. 3e édit. 1 vol. in-8, 496 p. et 1 pl.   6 fr.

— **Traité de géométrie.** 2e édition, revue et corrigée. 1 vol. in-8, 549 p. et atlas in-8 de 34 pl.   8 fr.

— **Traité de géométrie descriptive**. 4e édition, revue et augmentée. 1 vol. in-8, VII 502 p. et atlas in-folio de 103 pl.   20 fr.

(Voir pour les autres ouvrages du même auteur, chap. II et VII).

Annales du Génie civil, et recueil de mémoires sur les mathématiques pures et appliquées, les ponts et chaussées, les routes et chemins de fer, les construc-

tions et la navigation maritime et fluviale, l'architecture, les mines, la métallurgie. la chimie, la physique,
les arts mécaniques. l'économie industrielle, le génie
rural; revue descriptive de l'industrie française et étran-
gère ; publiées par une réunion d'ingénieurs, d'architectes. de professeurs et d'anciens élèves de l'Ecole centrale et des Ecoles d'arts et métiers, avec le concours
d'ingénieurs et de savants étrangers.

Les *Annales du Génie civl* paraissent mensuellement depuis
le 1er janvier 1862, par cahiers de 4 à 5 feuilles grand in-8, avec
figures dans le texte et 4 ou 5 pl. grand in-8 double.

Prix de l'abonnement, 20 francs par an. — Les numéros séparés,
3 francs. Les années écoulées, 1 fort vol. d'environ 900 pages avec
figures dans le texte, et un atlas de 40 planches, in-folio et in-4,
prises séparément, 25 francs. *Il ne reste plus que quelques exemplaires de la 2e année*

Les *Annales du Génie civil*, destinées à tenir tous les hommes
spéciaux au courant des progrès théoriques et pratiques, ont obtenu très-rapidement un succès légitimement acquis : depuis
qu'elles paraissent, il ne s'est présenté aucune question importante dans les sciences appliquées qui n'ait été traitée par des
hommes compétents, dans ce recueil, qui se trouve aujourd'hui
dans la bibliothèque de tous les ingénieurs et de tous les industriels.

AUBRÉ (L. E.), professeur à l'École de Châlons, **Cours de
géométrie descriptive**. 1 vol. in-4, 159 p. et
34 pl.   10 fr.

AUBRÉVILLE (LÉOPOLD d'). **Réduction réciproque et
sans calculs des monnaies, poids et mesures de tous les pays**. 1 vol. in-18, cartonné.
                                                          2 fr. 50

AUDIBERT (L.). **Tableau pratique** pour la racine carrée
et la racine cubique de tous les nombres servant au praticien pour lire et comprendre tous les ouvrages spéciaux qui circulent en France sur la construction et le
calcul des machines à vapeur, roues hydrauliques, etc.,
suivi de nombreuses applications à la construction.
1 vol. in-8, 64 p.   1 fr. 50

BABLOT. **Calcul fait des pieds de fer**. (Voir *Bibliographie Lacroix (1re série, n° 79.)*   3 fr.

BELENEY. Nouvelle **Théorie des parallèles**. 1 vol. in-8. 3 fr.

BENOIT (P. M. N.), ex-professeur de topographie et de géodésie à l'Ecole d'application d'état-major, ancien élève de l'École polytechnique, etc. **Cours complet de topographie et de géodésie.** Traité des levés à la planchette, à la boussole et au goniomètre, précédé de généralités sur les descriptions graphiques des corps et du globe terrestre en particulier. 1 vol. in-8, 495 p. et 12 pl. 7 fr. 50

Bien que la publication de l'ouvrage de M. Benoit remonte déjà à quelques années, il n'a rien perdu du mérite qui en a fait le succès; l'auteur a su coordonner les diverses parties de la topographie en les simplifiant et en les enrichissant à la fois par les résultats du perfectionnement donné aux méthodes, aux instruments et aux procédés de la géodésie pratique. Son cours présente un résumé clair et précis des principes et des modes d'application.

Le volume que nous annonçons contient les deux parties du cours : les levés a la planchette, et les levés à la boussole et au goniomètre.

— **La règle à calcul expliquée,** ou Guide du calculateur à l'aide de la règle logarithmique à tiroir. 1 vol. in-12, avec pl. 5 fr.

BERTON (F.). **Sous-détails raisonnés** propres à servir à l'établissement des **prix** et au règlement des **travaux de pavage et carrelage.** Gr. in-8. 3 fr.

BERTRAND (J.), membre de l'Institut. **Traité de calcul différentiel** et de calcul intégral. 1 fort volume in-4, 780 p. 30 fr.

BEUMANN (G.). **Sous-détails raisonnés** propres à servir à l'établissement des **prix et au règlement des travaux de maçonnerie.** Grand in-8, de 53 pages. 6 fr.

BLANCHET. **Géométrie.** Voir LEGENDRE.

BLOTTAS, ancien agent voyer en chef et architecte. **Analyse de prix**

de terrassement en cailloutis, chaussées pavées et en
asphalte; maçonnerie, charpente, grosse serrurerie,
fonte et peinture, — relatifs à la construction des chemins de fer, des routes et des chemins vicinaux. 1 vol.
in-8, 191 p. 2 fr. 50

BOUILLIER (E.), ancien élève de l'École polytechnique.
Principes d'algèbre. 1 vol. in-8, 288 p. 3 fr. 50

— Cours de géométrie. 1 vol. in-8, 403 p. 6 fr 50

BOCHET (A.). **Guide du comptable** (le), ou Nouveaux
Éléments de **comptabilité commerciale**. 1 vol.
gr. in-8, 120 p. 5 fr.

Ce guide est un véritable ouvrage didactique; la méthode de
M. Bochet est synthétique, brève et facile. Outre l'exposition des
divers systèmes de comptabilité connus, cet ouvrage renferme des
exercices théoriques et d'autres exercices éminemment pratiques,
les termes en usage dans le commerce, de nouveaux contrôles ou
balances, et un journal rationnel à double balance identique et
continue.

Avec ce guide, les personnes qui ne connaissent pas la comptabilité en comprendront sur-le-champ le mécanisme; celles qui
en possèdent déjà les éléments acquerront de nouveaux moyens
de contrôle et de simplification.

BONNARD (C.). **L'Art de lever les plans**. Analyse
raisonnée et démonstration pratique des formules et des
opérations trigonométriques les plus usitées, les tables
des logarithmes, celles des sinus, la triangulation. l'observation sur le terrain et le calcul des angles par un
procédé simple et facile, le tracé de la méridienne, la
formation du canevas trigonométrique et les règles des
divers modes d'arpentage, etc. 1 vol. in-4, 334 p. et
8 planches. 10 fr.

C'est principalement pour les jeunes gens qui n'ont que légèrement étudié les théories, et pour les personnes d'un âge plus
avancé, dont la mémoire n'en conserve que de faibles lueurs, que
cet ouvrage a été écrit. L'auteur a donc dû se donner pour mission de faire un traité éminemment pratique. Dans ce but, il présente une analyse complète de tous les procédés en usage pour
opérer le levé et le calcul des plans; il a résumé et analysé toutes
les formules trigonométriques avec de nombreuses applications
pour familiariser le lecteur avec les tables de logarithmes et tous
les calculs que nécessitent les travaux d'arpentage.

Bonneau, juré-compteur. **Nouveaux Tarifs,** ou *Traité complet de la réduction des bois de charpente équarris, bois en grume et bois de sciage, selon le système métrique.* In-8.   5 fr.

Borde (P.), ingénieur civil. **Tables des surfaces** pour les calculs des *déblais et remblais de chemins de fer, routes et canaux,* suivies d'autres tables pour le tracé des courbes sur le terrain. 3 vol. in-8, ensemble 1168 pages ou tableaux.   40 fr.

Les tables présentées dans cet ouvrage renferment les surfaces de tous les profils en travers des déblais et des remblais, pour des voies de 5 mètres jusqu'a 10 metres de largeur, avec les intermédiaires de 0 m. 10 en 0 m. 10, calculés pour une cote rouge du profil en long depuis 0 m. 2 de hauteur jusqu'à 20 mètres, en augmentant successivement de 0 m. 02.
Très-rare aujourd'hui.

— **Machines élévatoires** pour la *construction des bâtiments et ouvrages d'art.* Théorie et pratique de ces machines. Texte anglais et français, planches en couleur et légendes. Gr. in-folio.   25 fr.

Bourdon. **Éléments d'algèbre**, avec des notes de Prouhet. 12e édition. In-8.   8 fr.

Bourienne. Traité spécial des **comptes en participation**, 4e édition in-8, 43 p.   1 fr. 50

Breton de Champ (P.), ingénieur des ponts et chaussées. **Description des courbes à plusieurs centres,** d'après le procédé de Perronnet, tableaux numériques et instruction pratique pour déterminer facilement tous les éléments de l'épure; exposé des conditions générales qui régissent les courbes applicables au tracé des voûtes, etc. Broch. in-4, 63 p. et 1 pl.   5 fr.

— **Traité du nivellement.** 1 vol. in-8.   5 fr.

Briot et Bouquet. Leçons de **Trigonométrie.** 4e édit. in-8, 282 p.   4 fr.

Burgy (J. J.). Recueil de **Tares et usages** des principales villes de commerce de l'Europe, des États-Unis d'Amérique et d'Egypte. 1 vol. in-8, 81 p.   5 fr.

Caillet (T.), examinateur de la marine. **Tables des logarithmes et cologarithmes** des nombres et des lignes trigonométriques à six décimales, disposées de manière à rendre les parties proportionnelles toujours additives, suivies d'un recueil de tables astronomiques et nautiques. 1. vol. gr. in-8, 816 p. 9 fr.

Callet (F.). **Tables de Logarithmes**. In-8. 8 fr.

Carnet de l'ingénieur, recueil de tables, de formules et de renseignements pratiques à l'usage des ingénieurs et des architectes, des chefs d'usines industrielles et de tout directeur et conducteur de travaux.

Depuis 1837 que M. Mathias a fondé la publication de ce Carnet, il est chaque année publié une nouvelle édition, corrigée et augmentée. Tous les trois ou quatre ans, le Carnet est complètement refondu.

Ce carnet forme un vol. in-12 d'environ 300 pages de texte ou tableaux, avec calendrier perpétuel.

Prix : broché.................. 3 fr.
Cartonné.. .... 4 fr.
Relié en portefeuille..... 6 fr.

Principales divisions de l'ouvrage : Tables usuelles. — Notions usuelles — Algèbre. — Géométrie analytique. — Mécanique. — Machines simples. — Résistance des matériaux. — Hydraulique. — Documents relatifs aux constructions. — Matières premières servant aux constructions. — Physique et chimie. — Chaleur et combustibles. — Machines à vapeur. — Géologie. — Données économiques, mesures, monnaies, etc., etc.

Carrot (J. B.). **Sous détails raisonnés** propres à servir à l'établissement des **prix et au règlement des travaux de charpente**. Gr. in-8, 23 p. 3 fr.

Cartier (E.). **Album et calculs de résistance de fers** marchands et spéciaux. In-folio, 16 pl. 3 fr.

Catalan (E.). **Manuel des candidats à l'École Polytechnique**. 2 vol. in-18. 9 fr.

Cazot. Nouveau Barême commercial, ou **Comptes faits pour les poids métriques** ou poids décimaux, à l'usage des commerçants en gros et en détail. 1 vol. in-8, 280 p. 3 fr. 50

Censier (J.) jeune, comptable. **Manuel du commerçant**, Nouveau livre d'arithmétique ou comptabilité
commerciale, traitant des calculs anglais d'une manière
toute spéciale. In 8, 48 p.   1 fr. 50

Chairgrasse, conducteur des ponts et chaussées et Vinot (J.),
professeur de mathématiques. **Niveaux Chairgrasse**, broch. explicative sur leur construction, leur
usage et leurs nombreux avantages. Moyen de se passer
de la mire divisée et de la chaîne d'arpenteur dans les
opérations de nivellement et d'arpentage. In-12, 54 p.
avec fig. et 3 pl.   1 fr.

Niveaux Chairgrasse

N° 1. Planchette en acajou, limbe divisé en cuivre, aiguille
en acier, avec boîte en carton.   5 fr.
N° 2 Comme pour le n° 1, avec deux pinnules de niveau à
chape, avec vis de pression, un genou et une vis de ré-
glage.
Planchette en acajou, avec boîte en carton.   12 fr.
— en cuivre verni, avec boîte en carton.   24 fr
N° 3. Comme pour le n° 2, avec quatre pinnules d'équerre
à chape et à vis de pression.
Planchette en acajou.   18 fr.
— en cuivre verni, avec boîte en bois.   40 fr
N° 4. Planchette découpée en cuivre verni, aiguille en
acier, alidade mobile, deux pinnules fixes, deux pinnules
de niveau; double division, genou, etc., avec boîte en
bois.   55 fr.
Canne-trépied.   6 fr.
Jalon mire.   6 fr.
Avec une augmentation de 10 francs, chaque appareil sera muni
d'une boussole divisée.

Chauvac de la Place. **Nouvelles tables pour le tracé
des courbes de raccordement** (chemins de fer,
routes et chemins). 1 vol. in-18 jésus, avec pl.   3 fr. 50
(Bibliothèque des professions industrielles et agricoles, série
C, N° 16.)

Chevallot (P. M.), conducteur des ponts et chaussées. Tables pour le **tracé des courbes sur le terrain;
sinus et tangentes naturelles,** de minute en
minute. Tableau présentant le rapport des arcs du rayon
pris pour unité; **Notions de trigonométrie rec-**

tiligne: exemples d'application. 2ᵉ édit. 1 vol. in-18, 176 p. ou tableaux, avec 3 pl.   6 fr.

Les notions de trigonométrie rectiligne qui précèdent les tables sont d'une grande simplicité. Vingt-sept problèmes de natures diverses ont pour objet de compléter ces notions en donnant des exemples d'application des tables.

CLARINVAL (A.). Amortissement des **Obligations de chemins de fer**. In-4, 72 p. ou tables.   5 fr.

CLAUDEL (J.). **Formules, tables et renseignements,** etc. 1 vol. in-8 avec fig. et pl.   13 fr. 50

— Introduction théorique et pratique à la **Science de l'ingénieur**. 3ᵉ édit. 1 vol. in-8 avec fig.   10 fr.

—**Tables des carrés et des cubes,** nombres entiers successifs de 1 à 10,000 etc. In-8.   3 fr. 50

CLAUDEL et LECOY. **Comptes-faits** ou **Table de multiplication**. 1 vol. in-8.   4 fr. 50

COLENNE. Le système octaval ou **la numération des poids et mesures réformée**. Nouvelle édition. 1 vol. in-8, 168 p.   3 fr. 50

COLIN. **Tarif de la pose à façon** des ouvrages de menuiserie. 1 vol. in-4.   2 fr. 25

— **Tarif des ouvrages de menuiserie à façon.** Br. in-4, 14 p.   3 fr.

COMBEROUSSE (CHARLES DE). **Cours de mathématiques.** 3 vol. in-8, avec fig. et pl.   25 fr.

CORDOIX (L.). Tarif pour la **réduction des bois carrés** et des bois en grume. In-12 144 p. et pl.   3 fr.

CORNIER (F.). **Sous-détails raisonnés** propres à servir à l'établissement des **prix et au règlement des travaux de couverture.** In-8, 27 p.   4 fr.

COULON (H.). Méthode générale de **comptabilité et de correspondance commerciales**. 2ᵉ édit. 1 vol. in-4.   5 fr.

Coutelas (C. F.). **Traité spécial sur la théorie**, *la construction et la vérification des instruments de pesage*, avec fig.; indispensable aux vérificateurs des poids et mesures. In-8 de 61 p. et 1 pl.   3 fr. 50

De Granges de Rancy (Edmond). **Petit Traité de comptabilité agricole** en partie simple. 2e édition augmentée d'un système de comptabilité agricole en partie simple, applicable à l'exploitation d'un domaine, et permettant de surveiller tous les détails de son administration sans y résider, et de tenir soi-même le résumé de sa comptabilité sans travail continu, suivie de l'Agriculture simplifiée pour les agriculteurs. In-8, 124 p.   3 fr.

Malgré toutes les explications données, il est un grand nombre de personnes que les mots de comptabilité *en partie double* suffisent pour effrayer. C'est principalement pour les agriculteurs qui partagent cette crainte que M. de Granges de Rancy a écrit ce petit traité, qui est d'une simplicité remarquable, et qui renferme des principes de comptabilité qu'il suffit de lire une seule fois pour les comprendre et en faire une application raisonnée.

L'arithmétique simplifiée qui complète ce traité indique des moyens faciles pour résoudre toutes les questions de chiffres qui peuvent se présenter dans une exploitation agricole.

Deplanque (Louis), expert près les Cours et Tribunaux, professeur de comptabilité générale. **La tenue des livres** en partie simple et en partie double, mise à la portée de toutes les intelligences, pour être apprise sans maître : — Comptabilités des commerçants, — Banquiers, — Industriels, — Propriétaires, etc. Vol. in-8, de 191 p.   7 fr. 50

Desmousseaux de Givré (Em.). Note sur les **meules d'émoulage**, formules nouvelles de résistance des corps cylindriques. In-8, 3e trimestre 1863 des *Mémoires des Ingénieurs civils*.   7 fr.

— Note sur un **théorème de géométrie**. In-8. 3e trim. 1864 des *Mémoires des Ingénieurs civils*.   7 fr.

Desteract (A., entrepreneur de charpente. **Traité complet**, selon le système métrique, pour la **réduction des bois de charpente équarris, bois en**

grume et bois de sciage. Ouvrage indispensable à MM. les architectes, métreurs, charpentiers, menuisiers, entrepreneurs de bâtiments, charrons, démolisseurs, marchands de bois, etc., ainsi qu'à MM. les agents des eaux et forêts et des octrois ; à ceux de la marine et de l'artillerie. 1 fort vol. in-4, 407 p. de tableaux, relié avec onglets. 20 fr.

Les Tables de M. Destéract sont un monument de patience et d'exactitude ; l'auteur devait avoir la conscience des services que son travail était appelé à rendre pour s'imposer les soins et les calculs qu'il a nécessités. Du reste, un succès légitime a été la récompense de M. Destéract. Son ouvrage est aujourd'hui entre les mains de toutes les personnes intéressées dans le commerce et dans l'industrie des bois.

Didier Goyard. Nouveau Traité du **solivage métrique des bois en grume** aux 5e et 6e déduits, augmenté de l'ancien tarif (même auteur). In-8, 55 p. 1 fr.

Sous un petit format et avec les allures les plus modestes, ce traité a rendu de grands services au commerce du bois. Il est toujours invoqué comme l'arbitre le plus sûr dans toutes les contestations de mesurage qui peuvent se présenter.

— Nouveau **Tarif du poids des fers et des fontes** de toutes dimensions. In-8, 54 p. 1 fr.

Dolivet, instituteur du degré supérieur. Nouveau Manuel **du métrage et du cubage des solides et des bois.** In-12, 176 p. et 1 pl. 2 fr. 25

Doublet (Victor). Nouvelle méthode de **tenue des livres.** 1 vol. in-8, 192 p. 9e édit. 3 fr. 50

Douliot (J. P.), professeur d'architecture et de construction à l'École gratuite de mathématiques et de dessin en faveur des arts mécaniques. **Cours élémentaire théorique et pratique. — Mathématiques.** 1 vol. in-4, 548 p. et 16 pl. 15 fr.

(Voir plus loin, chap. IV.)

Duffau, agent du service de la voie et des bâtiments du chemin de fer du Midi. Guide du constructeur, ou **Ana-**

lyses de prix des travaux de bâtiments et **ouvrages d'art**. 1 vol. in 8, 316 p.   8 fr.

Cet ouvrage comprend la terrasse, la maçonnerie, la plâtrerie, le carrelage et le pavage, l'asphalte, la charpente, la couverture et la zinguerie, la menuiserie, la serrurerie, la fumisterie, la vitrerie, la marbrerie, la peinture, la dorure, la tenture, les conduites d'eau et les canalisations pour le gaz, la miroiterie, la pose des voies, etc., avec un tarif du poids des fers carrés, méplats et ronds, des fils de fer, de la tôle, de la fonte, des conduites en fonte, du plomb, des tuyaux en plomb, du cuivre, du zinc, un tableau de la réduction des pieds, pouces et lignes en mètres, du poids de divers matériaux de construction, de la dilatation linéaire des solides.

DUHAMEL. Éléments de caloul infinitésimal. 2ᵉ édit., 2 vol. in-8, pl.   12 fr.

FLEURY (C.), professeur à l'École La Martinière et directeur de l'École de commerce à Lyon. **Traité spécial des comptes courants et d'intérêts**, renfermant toutes les méthodes de comptes courants et d'intérêts, les tableaux des nombres diviseurs fixes à tous les taux, les moyens les plus prompts et les plus faciles de calculer les intérêts et les escomptes, la négociation des effets et les échéances communes ; à l'usage des banquiers, des maisons de commerce, des notaires, des capitalistes, des comptables et des maisons d'éducation. In-8, 6 p. et 8 tableaux.   5 fr.

FRANCŒUR (L. B.). **Cours complet de mathématiques pures**. 2 vol. in-8, avec pl.   12 fr.

GAUDARD. Étude comparative de divers systèmes de ponts en fer. 1 vol. gr. in-8, avec atlas in-4,   12 fr.
(Voir chap. VII.)

GENCE. Omnimètre, ou instrument au moyen duquel on peut mesurer les hauteurs et les circonférences des arbres sur pied. Broch. explicative in-8, 55 p.   2 fr. 50

GILLET-HÉNAULT. Système métrique d'égalité, ou

Tarif des nouvelles mesures. 2e édition. In-12 de
544 p.   3 fr. 50

GIQUEL. **Trigonométrie rectiligne et sphérique**.
In-8, 80 p. et 1 pl.   2 fr. 50

GODILLOT (J. B.), conducteur des ponts et chaussées. Calcul
de la **résistance des poutres en tôle** employées
dans la construction des ponts et viaducs. In-12, 72 p.
et 1 pl.   2 fr. 50

Les fonctions qu'occupe M. Godillot l'ont amené à faire des
études approfondies sur la construction des ponts en tôle. L'embarras qu'il a éprouvé au début par le manque presque absolu
d'ouvrages traitant de la construction de ces ponts, lui a suggéré
'idée de publier un livre dans lequel on pût trouver le calcul de la
résistance des poutres en tôle et des applications numériques de ce
calcul à la détermination de cette résistance, et des dimensions à
donner aux poutres, quelle que soit leur portée. Le mérite de ce
travail, d'une grande utilité pratique, a été promptement apprécié.

— **Du cercle et de la parabole.** 46 p. et 1 pl. 3 fr.

GOUILLY (Al.), ingénieur des arts et manufactures. Calcul
de la **résistance des matériaux** et ses applications aux constructions et aux machines, spécialement
à l'usage de MM. les élèves de l'École impériale centrale,
et de MM. les ingénieurs architectes, etc. In-8°, 158 p.
et 3 pl.   6 fr.

Cet excellent ouvrage a été spécialement fait en vue d'être
utile aux élèves de l'École centrale des arts et manufactures, et
l'accueil qu'il a obtenu a prouvé que l'auteur avait, en le publiant, atteint le but qu'il s'était proposé.

GOURNERIE (DE LA). **Traité de géométrie descriptive.** In-4° publié en 3 parties, avec atlas de 156 p. 30 fr.
Chaque partie séparée.   10 fr.

GUILLAUME, ingénieur-constructeur. Tableaux de la **résistance des fers à double T** employés dans les constructions de bâtiments et autres. Broch. in-folio. 3 fr.

GUILMIN (A.). Cours **d'algèbre.** In-8.   4 fr.

Guilmin (A.). **Recueil d'exercices** proposés dans le cours d'algèbre. In-8, 79 p.   1 fr.

Guy (M. P. G.), officier d'artillerie. Guide pratique du **Géomètre arpenteur**. 2ᵉ édition, revue, corrigée et augmentée. 1 vol., 376 p. et 5 pl. contenant 231 fig.   3 fr. 50
Bibliothèque des professions industrielles et agricoles, série C, nº 1.

Herdicourt (F. S.). Études sur la **comptabilité industrielle**. Br. in-8, 15 p.   50 cent.

Hirn. Notice sur l'utilité de **l'arithmomètre et de l'hydrostat**. Broch. in-8.   2 fr.

Houel. Tables de **Logarithmes à cinq décimales**. In-8.   2 fr.

Hubert (F.). **Comptabilité commerciale**. In-18, 24 pages ou tableaux.   1 fr. 50

Hugues (E. G., ingénieur civil. **Tables** donnant en mètres cubes **les volumes des terrassements dans les déblais et remblais** des chemins de fer, canaux, routes, etc., accompagnées d'un Traité pratique sur les calculs des terrassements et d'une instruction sur l'usage de ces tables. 1 vol. in-4, avec de très-grands tableaux et plusieurs planches.   20 fr.
A une époque où il se fait des mouvements de terrain aussi nombreux et aussi importants que ceux nécessités par l'établissement des chemins de fer et le percement de nouvelles voies publiques, un travail sur les volumes de terre des déblais et des remblais devait être accueilli avec empressement. Aussi les tables de M. Ed. Hugues n'ont-elles pas tardé a devenir, en quelque sorte, classiques pour les ingénieurs, auxquels elles épargnent des calculs longs et fastidieux.

Hulin (V.). **Sous-détails raisonnés** propres à servir à l'établissement **des prix et au règlement des travaux de serrurerie**. Grand in-8 de 45 p.   5 fr.

Husson, vérificateur spécial en serrurerie. **Tarif complet de façons et marchandages relatifs à la serrurerie**. Broch. in-8 28 p.   2 fr.
Ce tarif de serrurerie est, sans contredit, celui qui est le plus

en usage dans le bâtiment ; sa simplicité le rend compréhensible pour tous les ouvriers ; il fait autorité pour tous les travaux de serrurerie.

JACLOT (J.) et d'ARBEL, professeurs. **Récréations arithmétiques.** 2 vol. in-8, ensemble 432 p.   8 fr.

JEANNENEY (P.). **Calculs sur la sortie de la vapeur dans les machines locomotives.** 1 vol. in-8, 197 p., tabl. et 7 pl. (Rare).   10 fr.

JARIEZ (J.), ancien sous-directeur des Ecoles de Châlons et d'Aix, ancien professeur de mécanique à l'Ecole d'Angers, fondateur et directeur de l'Ecole de Lima (Pérou). **Cours élémentaire** de sciences mathématiques, physiques et mécaniques appliquées aux arts industriels, à l'usage des Ecoles impériales d'arts et métiers et des Ecoles professionnelles, comprenant :

Arithmétique ; 6e édition. In-8 de 228 p.   3 fr. 50

— Notions d'algèbre et de trigonométrie. In-8 de 336 p. et pl.   5 fr.

— Géométrie descriptive ; 3e édition, revue et corrigée. In-8 de 183 p. et atlas de 13 pl.   6 fr.

— Mécanique industrielle, 3e édition. 2 vol. in-8, ensemble de 815 p. et 13 pl.   14 fr.

La plupart des traités dont l'ensemble forme ce cours de sciences mathématiques, ont eu de nombreuses éditions : tous ont en l'honneur de la traduction ; aussi n'est-ce pas seulement en France, mais aussi au Pérou et principalement en Espagne, qu'on a apprécié le mérite des ouvrages de M. Jariez. Les questions les plus ardues deviennent faciles par sa méthode, d'exposition qu'élucident toujours de nombreux exemples.

JARIEZ (J.) (en langue espagnole).
Tomo I. Aritmética. In 8 de 252 p.   5 fr.
Tomo II. Aljebra y trigonometria. In-8 de 348 p. 50 fig. 6 fr.
Tomo III Géometria elemental Tercera edicion, revista y correjida por J. Jariez. In-8 de 498 p., 831 fig.   8 fr.
Tomo IV. Geometria descriptiva. Segunda edicion, revista y correjida por el autor. In 8 de 183 p., 13 p.   7 fr.
Tomo V, VI. Mecànica industrial. 2 vol. in-8 de 800 p., 12 pl.   18 fr.

Lacroix (S. F.). **Complément des éléments de géométrie**, 435 p., 10 pl. 7 fr. 50

— **Traité élémentaire d'arithmétique** à l'usage de l'École centrale. Vol. in-8, 358 p. 5 fr.

— **Essais sur l'enseignement en général**, et sur celui des mathématiques en particulier. Vol. in-8, 390 p. 5 fr.

Lagrange (J. L.), de l'Institut national. **Théorie des fonctions analytiques**. Paris, 1806.

Lalande. **Tables de Logarithmes pour les nombres et les sinus à cinq décimales**. 1 vol. in-18. 2 fr.

Lefébure de Fourcy. **Traité de géométrie descriptive**. 5e édit. 2 vol. in-8, dont 1 composé de 32 pl. 10 fr.

— **Leçons de géométrie analytique**, comprenant la trigonométrie rectiligne et sphérique, les lignes et les surfaces des deux premiers ordres. 6e édit. 1 vol. in-18, avec pl. 7 fr. 50

— **Éléments de trigonométrie**, contenant la trigonométrie rectiligne, la trigonométrie sphérique, et quelques applications à l'algèbre. 7e édit. 1 vol. in-8. Prix : 2 fr.

— **Leçons d'algèbre**. 7e édit. 1 vol. in-8. fr. 50

Lefèvre. **Extrait du Guide pratique de l'arpenteur**. 1 vol. in-12, orné de 7 pl. 3 fr. 50

— Développement d'un nouveau mode d'observer les **angles d'une triangulation**. 1 vol. in-12, 47 p. texte et 3 pl. 2 fr.

— Connaissances du **Géodésiste**. 1 vol. in-12, 188 p. et pl. 2 fr. 50

Lefort (F.). **Tables des surfaces de déblai et de remblai, des largeurs d'emprise et des longueurs des talus**. In-8. 3 fr.

Legendre (A. M.). **Éléments de géométrie**, avec additions et modifications, par A. Blanchet. 1 vol. in-8. 280 p. avec fig.   4 fr.

Leroy (C. F. A.). **Traité de stéréotomie**, 3e édit., revue par M. E. Martelet, 1 vol. in-4, avec atlas de 74 pl. in-folio.   26 fr.

— **Traité de géométrie descriptive**, 7e édit., revue par M. Martelet. 1 vol. in-4, avec atlas de 71 pl. Prix :   16 fr.

Lignier. **Cours d'analyse** professé à l'École navale. 1re année d'études. 1 vol. in-4, 346 p. lithog., nomb. figures dans le texte.   6 fr.

Lindelof et l'abbé Moigno. **Leçons de calcul des variations**. 1 vol. in-8 de 352 pages.   5 fr.

Les mathématiciens ont favorablement accueilli ces leçons parce qu'elles résument les derniers progrès de cette branche importante de l'analyse dont l'origine remonte à Bernouilli, et dont les développements réguliers sont dus à Euler et à Lagrange.

Loupot (C.). Cours de **géométrie élémentaire**. 1 vol. in-8, 560 p. et 14 pl.   6 fr. 50

Lucas (F.). Théorie des **courbes planes**. In-8 et pl. Prix :   6 fr.

Mathorel (H.). **Tables d'intérêts** calculés pour tous les taux jour par jour, depuis 1 jusqu'à 365, présentant l'intérêt à 5 p. 100 de toutes les sommes possibles, et pour quelque échéance que ce soit. 1 vol. in-4. 380 p. Prix :   10 fr.

Mézières **Comptabilité agricole**. In-8, 33 p. et 1 tableau.   1 fr. 25.

Miny, ingénieur civil. **Table de Logarithmes** des nombres, disposée en forme de répertoire, à l'aide de laquelle on trouve sur-le-champ, et sans feuilleter la table, le logarithme d'un nombre quelconque, de 1 à 100.000, et réciproquement. In-8, 12 p.   1 fr. 50

Monge, de l'Institut. **Géométrie descriptive**. 1 vol. in-4, 280 p. et 32 pl.   15 fr.

Mongin (G.), professeur de comptabilité. Cours de commerce ou **Guide pratique du commerçant et du teneur de livres** en matière d'arithmétique commerciale et d'opérations de commerce, divisé en 3 parties. Première partie : Traité d'arithmétique réduite à sa plus simple expression. Seconde partie : Application de l'arithmétique aux opérations de commerce. Troisième partie : Traité complet de la tenue des livres ou de comptabilité générale, en partie simple et en partie double. 1 vol. in-8, 420 p.   5 fr.

Morin. **Résistance des matériaux**. Nouvelle édition. 2 vol. in-8.   15 fr.

Mulat. Traité de **géométrie pratique**, précédé du système métrique des poids et mesures, et suivi des règles de trois, d'intérêt et d'escompte, avec un grand nombre de modèles d'actes sous seing privé, à l'usage des écoles primaires, des cultivateurs et des ouvriers de toutes les professions. In-12, 135 p. et 4 pl.   1 fr.

Jamais livre n'a mieux mérité le titre de *Traité pratique*. Les éléments de la géométrie y sont expliqués avec une clarté et une simplicité qui les mettent à la portée de toutes les intelligences.

Navier. **Leçons d'analyse**. 2e édit., revue par M. Liouville. 2 vol. in-8, avec pl.   10 fr.

Olivier (T.). Développements de **géométrie descriptive**. 1 vol. in-4 et atlas in-4.   18 fr.

Olivier (Th.). **Cours de géométrie descriptive**. 2e édit., revue et augmentée; deux parties in-4, avec atlas de 97 pl.   22 fr.

Oppelt (G.), professeur de sciences commerciales. **Traité général théorique et pratique de comptabilité commerciale, industrielle et administrative**, à l'usage des commerçants et des institutions d'instruction publique. Ouvrage adopté pour l'enseignement, et publié sous la direction d'une société d'anciens juges consulaires. 1 vol. in-8, 367 p. et tableaux.   4 fr.

Il existe un si grand nombre d'ouvrages sur la comptabilité qu'on pourrait presque affirmer que tout a été dit sur cette matière. Ce que l'auteur a voulu, c'est de réunir en un seul cadre tout ce que les meilleurs auteurs ont écrit sur la comptabilité et la tenue des livres, et de présenter un traité tel, que, par sa clarté, sa concision et sa simplicité, il puisse se distinguer des ouvrages de cette nature qui l'ont précédé.

En coordonnant méthodiquement son travail, M. Oppelt s'est surtout attaché à développer graduellement toutes les règles, et par conséquent à mettre les explications à la portée de tout le monde.

OZANAM. **Récréations mathématiques**. 4 vol. 1778.   25 fr.

Papier quadrillé de 2 en 2 millimètres, adopté par les ingénieurs et par les compagnies de chemins de fer. Chaque carnet in-12 obl. cart. en toile.   2 fr. 50
La main, jésus collé.   6 fr.

PICARTE (R.). Tableau indiquant instantanément le nombre de jours écoulés entre deux époques quelconques. In-fol. Prix :   2 fr.

PICHON, métreur vérificateur de serrurerie. **Série de prix** d'après des sous-détails pour servir à l'estimation et au **règlement des travaux de serrurerie**, revue, entièrement modifiée suivant le prix des matières premières et des objets fabriqués, tarif adopté par la Société centrale des architectes. In-4, 46 p.   4 fr.

PIGIER. **Tenue des livres**, 1 vol. in-8, 282 p. et tableaux.   5 fr.

— Réfutation des nouvelles études de M. Monginot et de la tenue des livres de M. Vannier. Br. in-8, 88 p.   1 fr. 50

PUISSANT, ingénieur. Traité de **topographie, d'arpentage et de nivellement**. 1 vol. in-4. Tableaux et 6 planches. (Rare.)

RABUTÉ (P. L. C.). Tarif général du **poids des métaux**. 1 -8°.   3 f.

Rédarès. **Tenue de livres.** 1 vol. in-8.   6 fr.

Renoir (C.), professeur de mathématiques et de physique.
Éléments de géognosie. 1 vol. in 8, 252 p. 4 fr.

Richard (J. Tom), ingénieur. **Aide mémoire géné‐
ral et alphabétique des ingénieurs.** 2 vol-
in-8, ensemble de 1531 pag., accompagnés d'un atlas
in-4 de 112 planches.   30 fr.

Nous ne nous permettrons pas d'analyser l'ouvrage du savant
dont nous regrettons la perte; l'Aide-mémoire de Tom Richard
se trouve dans la bibliotheque de tout ingénieur qui a pu parcou‐
rir un moment cette œuvre qui résume les cours faits au Conser‐
vatoire des arts et métiers par cet éminent professeur. La forme
alphabétique, adoptée par l'auteur, offre pour les recherches une
facilité désirable pour tous les ouvrages de ce genre.

— **Table des sinus,** cosinus, tangentes et cotangentes,
de minute en minute, le rayon de cercle étant de
10 000 000. Broch. in-8, 27 p.   1 fr. 50

Ringuelet (H.). **Système métrique** mis à la portée de
toutes les intelligences, avec des tables de conversion des
mesures nouvelles en mesures anciennes, et réciproque‐
ment; suivi de Considérations générales sur les bois, sur
les divers combustibles, sur les métaux, sur l'eau et
quelques-uns de ses effets relatifs à l'industrie, etc., à
l'usage de toutes les classes de la société. 1 vol. in-8,
348 p.   3 fr. 50

Ritt (Georges). Problèmes d'application de **l'algèbre à
la géometrie,** avec les solutions développées. 1 vol.
in-8.   5 fr.

Sasias. **Cours de géométrie descriptive et de
trigonométrie,** professé à l'École navale. 1re année
d'études (1863-1864). 1 vol. in-4, 48 p. lithog., nomb.
fig. dans le texte.   1 fr. 50

Schonfeld (Bernard) **Sous-détails raisonnés,** propres
à servir à l'établissement des **prix et au règlement
des travaux de menuiserie.** Grand in-8 de
88 p.   6 fr.

Sénécal (E.). Application de la comptabilité aux sociétés commerciales et à l'industrie. **Comptabilité des agents de change.** 1 vol. in-8, 232 p. 3 fr.

Sergent. **Traité pratique et complet de tous les mesurages, métrages, jaugeages de tous les corps,** appliqué aux arts. aux métiers, à l'industrie, aux constructions, aux travaux hydrauliques, etc., enfin la rédaction des projets de toute espèce de travaux du ressort de l'architecture, du génie civil et militaire; terminé par une analyse et une série de prix de 916 articles, avec détails sur la nature, la qualité, la façon et la mise en œuvre des matériaux. 4ᵉ édition, entièrement refondue et augmentée, 2 vol. in-8, 1166 p., avec atlas de 39 pl. 32 f.

Ce traité est le plus complet qui existe : la première et la deuxième partie contiennent tous les procédés géométriques pour le mesurage et les calculs relatifs aux métrages quelconques;—l'estimation des travaux, les connaissances des notions générales pour la réduction d'un devis, la nature, la qualité, la façon et la mise en œuvre des matériaux, l'analyse des prix forment la matière de de la troisième partie.

Les trente-neuf planches in-folio de l'atlas gravées en taille-douce sur acier, contribuent à faire de ce traité un ouvrage vraiment pratique

Servières (Achille). **Tables Servières. Barème nouveau.** 1 vol. gr. in-4, 208 p. Voir *Bibl.*, 2ᵉ série, p. 55. 15 fr.

Similien, professeur à l'École d'arts et métiers d'Angers. **Des opérations géométriques.** 1 vol. in-8, 45 p., 6 planch. (Rare.)

Sonnet (H.) et Frontera (G. **Éléments de géométrie analytique,** rédigés conformément au programme d'admission à l'École polytechnique et à l'École normale supérieure. Vol. in-8, 590 pag., 2 pl. 8 fr.

Sonnet. **Algèbre élémentaire,** 1 vol. in-8. 6 fr.

Typ. de Cosson et Comp., rue du Four-Saint-Germain, 43.

Publications de la Librairie Scientifique, Industrielle et Agricole

DE LA SOCIÉTÉ DES INGÉNIEURS CIVILS

A PARIS, 15, QUAI MALAQUAIS.

— Novembre 1865 —

(Ce catalogue annule tous les précédents, en ce qui concerne
la Bibliothèque des professions industrielles et agricoles.)

BIBLIOTHÈQUE

DES

PROFESSIONS INDUSTRIELLES ET AGRICOLES

PUBLIÉE PAR

Eugène LACROIX, ÉDITEUR

Sous la direction de MM. les Rédacteurs des ANNALES DU GÉNIE CIVIL

avec la collaboration d'Ingénieurs et de Praticiens français et étrangers.

COLLECTION DE GUIDES PRATIQUES

A L'USAGE

DES CHEFS D'USINES, DES CONTRE-MAITRES, DES OUVRIERS,
DES AGRICULTEURS, DES ÉCOLES INDUSTRIELLES,

MIS POUR QUELQUES-UNS A LA PORTÉE DES GENS DU MONDE.

Depuis quarante-deux ans que notre maison est fondée,
nos prédécesseurs ont publié et nous continuons à publier
des ouvrages sur les sciences appliquées à l'industrie, aux

1

arts et métiers, à l'agriculture. L'ensemble de ces publications forme une collection très-variée : donc, nous avions créé par le fait une *Bibliothèque des professions industrielles et agricoles*. Mais l'étendue de quelques-uns de ces ouvrages, l'enseignement plus ou moins scientifique ou plus particulièrement pratique qu'ils contiennent, la forme typographique, différente pour le plus grand nombre, et enfin le prix élevé de quelques-uns ne permettaient pas de les comprendre par séries dans une encyclopédie accessible, par la forme, par le fond et par le prix, aux personnes qui ont le plus souvent besoin d'indications pratiques sur la profession dont elles font l'apprentissage, ou dans laquelle elles veulent devenir plus intelligemment habiles.

A ces personnes, dont le nombre est très-grand, il faut des *guides pratiques* exacts, d'un format commode, d'un prix modéré, rédigés avec clarté et méthode, comme est clair et méthodique l'enseignement direct du professeur à l'élève ou celui du maître à l'apprenti. Telle a été notre pensée en commençant, en 1863, la publication de la *Bibliothèque des professions industrielles et agricoles*.

Nous atteindrons le but que nous nous sommes proposé, nous en avons déjà l'assurance, par la vente soutenue des séries publiées jusqu'à ce jour ; par le nombre et le mérite, soit comme savants, soit comme praticiens, des collaborateurs acquis à l'œuvre, et par les adhésions qui nous arrivent de tous côtés et sous toutes les formes.

Notre publication s'adresse à l'ingénieur, à l'industriel, à l'ouvrier mécanicien dans chacune des professions spéciales, à l'artisan de tous les métiers, à l'instituteur, à l'agriculteur ; certaines séries conviennent à l'homme du monde qui désire satisfaire utilement sa curiosité, ou qui veut augmenter les notions déjà acquises, par des connaissances particulières sur les professions qui procurent à la société entière les éléments du bien-être matériel, base indispensable du progrès moral.

C'est donc à un très-grand nombre de lecteurs ou plutôt de travailleurs que nous offrons un concours efficace pour l'étude et les applications des questions d'utilité privée ou publique. Nous leur faisons un appel direct, en leur rappelant qu'il n'y a possibilité d'abaisser le prix de vente d'un livre qu'à condition de pouvoir imprimer ce livre à un très-grand nombre d'exemplaires, en prévision d'un grand nombre d'acheteurs : en effet, les premières dépenses c'est-à-dire la gravure des bois et des planches, la composition typographique du texte et le travail de l'auteur sont les mêmes pour un exemplaire que pour mille... dix mille, etc. Dans l'espoir que le nombre des adhérents à notre œuvre ne cessera pas d'augmenter, — que rédacteurs et souscripteurs nous prêteront leur appui, de plus en plus efficace, — nous continuerons à publier les volumes annoncés, le plus promptement qu'il nous sera possible.

Le prix de vente de chacun d'eux sera fixé d'après le chiffre des frais occasionnés par sa fabrication.

Cette Bibliothèque est composée de **Neuf Séries**, qui provisoirement se subdivisent comme suit :

Série A. — Sciences exactes................... 9 vol.
  »   B. — Sciences d'observation........... 21 »
  »   C. — Constructions civiles............. 30 »
  »   D. — Mines et Métallurgie............. 20 »

AVIS

POUR LES SOUSCRIPTEURS AUX VOLUMES DE LA BIBLIOTHÈQUE.

Toute personne qui désire un ou plusieurs volumes de la Bibliothèque doit nous en adresser la demande par lettre affranchie, en accompagnant cette demande d'un mandat sur la poste représentant la valeur du ou des volumes demandés. En échange, et par le retour du courrier, l'objet de sa demande lui est adressé franco.

Pour nos clients des pays étrangers, ils doivent augmenter leur mandat de 10 pour 100 s'ils désirent recevoir les volumes franc de port.

Nous n'acceptons dans aucun cas le retour des volumes demandés.

Le dépôt de la Bibliothèque se trouve chez les principaux libraires de France et de l'Étranger.

CATALOGUE DE LA BIBLIOTHÈQUE

PAR ORDRE ALPHABÉTIQUE

DES NOMS D'AUTEUR

POUR LES VOLUMES DÉJA PUBLIÉS.

CATALOGUE

PAR ORDRE ALPHABÉTIQUE DES MATIÈRES

POUR LES VOLUMES PUBLIÉS.

Acclimatation des animaux domestiques, par le D. B. LUNEL. 1 vol. in-12, 185 p. 2 fr.

Acier (son emploi et ses propriétés), par G. B. J. DESSOYE, avec Introduction et Notes, par E. GRATEAU. 1 vol. in-12, 506 p. 3 fr.

Agent voyer. Voir Ponts et Chaussées.

Agriculture (Traité élémentaire d'), par II. de LAVAUR. 1 vol. in-12, 239 p., avec tableaux. 2 fr.

Alliages métalliques, par A. GUETTIER, directeur de fonderie. 1 vol. in-12, 343 p. 3 fr.

Aluminium et métaux alcalins (Recherche, extraction et fabrication), par C. H. et A. TISSIER. 1 vol. in-12, 228 p. avec 1 pl. et de nombreuses figures dans le texte. 3 fr.

Analyse qualitative, par II. WILL, traduit par W. BICHON. 1 vol. in-12, 259 p., avec tableaux dans le texte. 1 fr. 50

Apiculture. Culture des Abeilles, par II. HAMET. 1 vol. in-12, 528 p., avec un portrait et nombreuses figures dans le texte. 3 fr.

Appareils économiques de chauffage pour les combustibles solides et gazeux, par P. FLAMM. 1 vol. in-12, 157 p., 4 pl. 3 fr.

Arboriculture fruitière, théorique et pratique, par GRESSENT. 1 vol. 610 p., avec figures. 6 fr.

Bière, sa composition et sa fabrication, par MULDER. 1 vol. 444 p. 5 fr.

Bijoutier. Application de l'harmonie des couleurs, par L. MOREAU. 1 vol. in-12, 108 p., 2 pl. 1 fr.

Canards, par Mariot-Didieux. 1 vol.   1 fr. 50

Chasseur médecin (Traité complet sur les maladies du chien, par Francis Clater), traduit par Mariot-Didieux. 1 vol. in-12, 195 p.   2 fr.

Chemins de fer (Construction des), par J. Maleville. 1 vol. in-12, 119 p., avec un tableau et deux planches.   5 fr.

Chemins de fer (Exploitation). 1re partie. *Voyageurs et bagages,* par Victor Emion. 1 vol. in-12, 521 p.   2 fr. 50

— Le même, 2e partie. *Marchandises,* 466 p.   5 fr. 50

Chemins de fer (Notions générales), par A. Perdonnet. 1 vol. in-12, 458 p.   5 fr.

Chimie agricole, par N. Basset. 1 vol. in-12, 559 p.   5 fr.

Chimie élémentaire, par J. Garnier jeune. 1 vol. in-12, 519 p., avec 5 pl.   3 fr.

Chimie (Introduction à l'étude de la), par M. J. Liebig. 1 vol. in-12, 255 p.   2 fr. 50

Chimie inorganique, par Pouriau. 1 vol. in-12, 520 p., avec figures.   6 fr.

Chimie organique, par le même. 1 vol. in-12, 546 p., avec figures.   6 fr.

Conférences agricoles, par Gossin. 1 vol. in-12, 124 p. 1 fr.

Constructions rurales, par T. Bona. 1 vol. in-12, 504 p. et pl.   3 fr.

Corps gras industriels, Savons, Bougies, Chandelles, etc. (Connaissance et exploitation), par Th. Chateau. 1 vol. in-12, 455 p.   4 fr.

Courbes de raccordements. *Chemins de fer, routes et chemins* (Nouvelle table pour le tracé des), par Chauvac de la Place. 1 vol. in-12, 121 p., 1 pl.   5 fr. 50

Culture maraichère, par Courtois-Gérard. 1 vol. in-12, 399 p., avec de nombreuses figures dans le texte.   3 fr. 50

Dessin linéaire, par A. Ortolan et J. Mesta. 1 vol. in-12, 281 p., avec un atlas de 42 pl.   5 fr.

Drainage. Résultat d'observations et d'expériences pratiques, par M. C. E. KIELMANN. 1 vol. in-12, 104 p., avec de nombreuses figures dans le texte.   1 fr.

Économie domestique (Notions d'une application journalière), par le doct. B. LUNEL. 1 vol. in-12, 227 p.   1 fr.

Entomologie agricole. Destruction des insectes nuisibles, par H. GOBIN. 1 vol. in-12, 285 p., avec figures et tableaux dans le texte.   5 fr.

Engrais humain. (Voir Vidange.)

Épiceries, ou dictionnaire des denrées indigènes et exotiques, par le doct. B. LUNEL, 1 vol. in-12, 262 p.   2 fr.

Ethnographie (Description des races humaines), par D'OMALIUS D'HALLOY. 1 vol. in-12, avec une planche coloriée. 150 p. 5 fr.

Fécules et amidons (Fabrication des), par DUBIEF. 1 vol. in-12.   6 fr.

Galvanoplastie (Manipulations électrotypiques), par Ch. V. WALKER. 1 vol. in-12, 166 p., avec figures dans le texte. 2 fr.

Géomètre arpenteur (Arpentages, nivellements, levés des plans, partage des propriétés agricoles), par M. P. GUY. 1 vol. in-12, 379 p., avec 5 pl.   3 fr. 50

Géométrie élémentaire (Leçons de), par Ch. ROZAN. 1 vol. in-12, 270 p., avec 1 atlas de 51 pl.   5 fr.

Habitations des animaux (Bon emménagement des). Écuries et étables, par GAYOT, 1 vol. in-12, 211 p.   5 fr.

Huiles (Essai et dosage des) employées dans le commerce ou servant à l'alimentation, des savons et de la farine de blé, par CAILLETET. 1 vol. in-12, 107 p.   5 fr.

Hydraulique urbaine et agricole, par J. LAFFINEUR. 1 vol. in-12, 129 p., 2 pl.   2 fr.

Hygiène et médecine usuelle, par le doct. B. LUNEL. 1 vol. in-12, 212 p.   1 fr. 50

Insectes nuisibles (Destruction des). Voir Entomologie.

Ingénieur agricole (Hydraulique, desséchement, drainage, irrigation, etc.), par LAFFINEUR. 1 vol. in-12, 269 p. 5 pl. 3 fr.

1.

Jardinage (Manière de cultiver son jardin), par Courtois-Gérard. 1 vol. in-12, 403 p., avec 1 pl. et figures dans le texte. 3 fr. 50

Jardins d'agrément (Tracé et ornementation), par T. Bona. 1 vol. in-12, 236 p. 2 fr. 50

Joaillier. Traité complet des pierres précieuses, par Ch. Barbot. 1 vol. in-12, 567 p. et 178 figures gravées. 5 fr.

Lapins (Éducation lucrative des), par Mariot-Didieux. 1 vol. in-12, 163 p. 2 fr.

Liqueurs françaises et étrangères (Fabrication sans distillation), par L. F. Dubief. 1 vol. in-12, 288 p. avec figures dans le texte et une pl. 4 fr.

Literie, par Jean de Laterrière. 1 vol. in-12, 180 p., avec 15 pl. 2 fr.

Machines agricoles en général et machines à vapeur rurales (Construction, emploi et conduites), par Gaudry. 1 vol. in-12, 107 p. 1 fr.

Maçonnerie (Constructeur), par A. Demanet. 1 vol., texte 252 p. et atlas de 20 pl. 5 fr.

Maître de forges (Exploitation du fer et application), par M. Pelouze. 2 vol. in-12, 859 p., avec 10 pl. 5 fr.

Matières résineuses (Provenance et travail), par E. Dromard, 1 vol. in-12, 101 p., avec 5 pl. 5 fr.

Métallurgie (Essai, préparation et traitement des minerais), par MM. L. et D. 1 vol. in-12, 554 p., avec 8 pl. 2 fr.

Métallurgie (le Fer, son histoire, ses propriétés), par William Fairbairn; trad. par G. Maurice. 1 vol. in-12, 351 p., avec 5 pl. 5 fr.

Minéralogie usuelle (Exposition succincte et méthodique des minéraux), par M. Drapier. 1 vol. in-12, 507 p. 2 fr.

Mouvement industriel et commercial, 1864-1865, par A. Sébillot. 1 vol. in-12, 232 p. 2 fr.

Oies et canards (Éducation lucrative des), par Mariot-Didieux. 1 vol. in-12, 187 p., avec de nombreuses figures dans le texte.   1 fr. 50

Olivier (sa culture, son fruit et son huile), par J. Raynaud. 1 vol. in-12, 330 p.   3 fr.

Ostréiculteur (Élevage et multiplication des races marines comestibles), par Fraiche. 1 vol. in-12, 178 p., avec de nombreuses figures dans le texte.   3 fr.

Papiers et cartons (Fabrication), par A. Prouteaux. 1 vol. in-12, 277 p., avec atlas, 7 pl.   4 fr.

Parfumeur. Dictionnaire des cosmétiques et parfums, par le doct. B. Lunel. 1 vol. in-12, 215 p.   5 fr.

Paris à vol d'oiseau, par J. Maleville. 1 vol. in-12, 268 p.   3 fr.

Perspective pratique, par M. Ysabeau. 1 vol. in-12, 164 p., avec 11 pl.   3 fr.

Pétrole (Gisements, exploitation et traitement industriels), par E. Soulié et H. Haudoüin. 1 vol. in-12, 256 p.   3 fr.

Pisciculteur, par P. Carbonnier. 1 vol. in-12, 208 p.   2 fr.

Ponts et chaussées et agent voyer (conducteur), 1re partie. Plans et nivellements, par F. Birot. 1 vol. in-12, 129 p., 6 pl.   2 fr.

— 2e partie. Routes et chemins. 1 vol. in-12, avec pl.   2 fr.

Porcelaine (Art de la fabriquer), suivi d'un Traité de la peinture et de la dorure sur porcelaine, par Bastenaire-Daudenart. 2 vol. in-12, 469 p., 4 pl.   10 fr.

Potager moderne (Traité des légumes), par Gressent. 1 vol. in-12, 466 p., 10 pl.   6 fr.

Potasses, soudes, cendres, acides et manganèses, par Frésénius et le doct. H. Will; traduit par G. W. Bichon. 1 vol. in-12, 176 p.   2 fr.

Poules (Éducation lucrative des), ou Traité raisonné de gallinoculture, par Mariot-Didieux. 1 vol. in-12, 456 p.   3 fr. 50

Roches, simples et composées (Classification et caractères minéralogiques), par MARCEL DE SERRES. 1 vol. in-12, 291 p. 3 fr.

Rosier (Taille du), sa culture, par E. FORNEY. 1 vol. in-12, 216 p. 2 fr.

Sciences physiques appliquées à l'agriculture (voir Chimie).

Science populaire (La), par J. RAMBOSSON. 1 beau vol. in-18 illustré, paraissant tous les ans à partir du 1er janvier 1863. Prix de chaque année. 3 fr. 50

Sténographie, par Ch. TONDEUR. 1 vol. in-12, 18 p. 1 fr.

Télégraphie électrique, par B. MIÉGE. 1 vol. in-12, 158 p., avec de nombreuses figures dans le texte. 2 fr.

Tissage, 1re partie (Fabrication des tissus), par T. BONA. 1 vol. in-12, 172 p., avec 1 atlas de 60 pl. et légendes. 3 fr.

— 2e partie (Composition des tissus), 1 vol. in-12, 174 p., avec atlas de 56 pl. et légendes. 3 fr.

Tissus imprimés (Leur fabrication). Impression des étoffes de soie, par D. KÆPPELIN. 1 vol. in-12, 151 p., avec 4 pl. et de nombreux échantillons. 10 fr.

Vétérinaire maréchal, par J. GOODWIN. 1 vol. in-12, 274 p., avec 5 pl. 2 fr.

Vidange agricole. Engrais humain, par J.-H. TOUCHET. 1 vol. in-12, 88 p. 1 fr.

Vins factices et boissons vineuses en général, par L.-N. DUBIEF. 1 vol. in-12, 67 p. 1 fr. 50

CATALOGUE

Des Ouvrages publiés ou en préparation

PAR ORDRE DE SÉRIES.

TABLE DES MATIÈRES [1].

—

SÉRIE A.

SCIENCES EXACTES.

5. Leçons de **Géométrie élémentaire**, par M. Ch. Rozan, professeur de mathématiques. 1 vol., 262 pages et un atlas de 51 planches doubles gravées.   5 fr.

Ces leçons sont conçues sur un plan tout nouveau. M. Rozan s'est surtout attaché à faire sentir la liaison qui existe entre les principes essentiels de la géométrie élémentaire et la manière dont ils découlent les uns des autres par un enchaînement continuel de déductions et de conséquences.

6. Guide pratique pour l'étude du **Dessin linéaire** et de son application aux professions industrielles, par MM. A. Ortolan et J. Mesta. 1 vol., LXXVI-204 pages et un atlas de 41 planches doubles, gravées par Ehrard.   5 fr.

Excellent manuel élémentaire, précédé d'une introduction dans laquelle les auteurs donnent, sous forme de dictionnaire, l'explication de tous les termes techniques et la description des divers instruments spéciaux.

7. Guide de **Perspective pratique**, comprenant la perspective linéaire et aérienne et les notions du dessin linéaire à l'usage des ouvriers, par M. Ysabeau. 1 vol., 164 pages et 11 planches.   5 fr.

[1] Cette table est loin d'être complète comme matières à publier, puisque la collection doit former une technologie complète; beaucoup d'autres volumes, traitant de sujets non mentionnés ici, viendront en leur temps en élargir le cadre, mais nous avons l'intention, pour le moment, de ne nous occuper que de ces premiers, parce que nous pensons que ce sont ceux dont la publication est le plus promptement désirée.

14   BIBLIOTHÈQUE LACROIX.

En préparation[1].

1. Arithmétique.
2. Algèbre.
4. Trigonométrie.
5. Géométrie descriptive.

8. Connaissance et pratique des Logarithmes.
9. Emploi de la Règle à calcul.

SÉRIE B.

SCIENCES D'OBSERVATION, CHIMIE, PHYSIQUE. ÉLECTRICITÉ, ETC.

4. **Télégraphie électrique**, ou *Vade mecum* pratique à l'usage des employés des lignes télégraphiques, suivi du programme des connaissances exigées pour être admis au surnumérariat dans l'administration des lignes télégraphiques, par M. B. MIÉGE, directeur de station de ligne télégraphique. 1 vol., XI-148 pages, avec 45 figures dans le texte.   2 fr.

M. Miége n'a pas voulu faire seulement un livre utile, mais bien un guide indispensable. Aux notions préliminaires sur le magnétisme, les différentes sources d'électricité et les propriétés des courants, succède la description de tous les appareils usités, avec l'indication des signaux généralement adoptés. Des formules d'une grande simplicité permettent de se rendre compte de l'intensité des courants et de rechercher la cause des dérangements.

7. Guide pratique de **Chimie élémentaire** ; ouvrage mis à la portée des gens du monde, des lycées et des institutions, contenant les principes de cette science et leur application aux arts et aux questions usuelles de la vie, par M. J. GARNIER jeune, professeur à l'École de commerce et d'industrie de Paris et à l'École vétérinaire d'Alfort. 1 vol., 504 pages et 3 pl.   2 fr.

Ce guide réunit le triple mérite d'être complet, sous un petit volume à bas prix. L'auteur a emprunté aux recueils scientifiques tout ce qu'ils renferment de nouveau et d'utile pour mettre son ouvrage au niveau des découvertes les plus récentes.

9. **Analyse qualitative**, instruction pratique à l'usage des laboratoires de chimie, par M. le docteur H. WILL, professeur agrégé de l'université de Giessen ; traduit de l'allemand par M. le docteur G.-W. BICHON, traducteur des Lettres de M. Justus Liebig sur la chimie, et auteur de plusieurs travaux sur cette science. 1 vol., 248 pages.   1 fr. 50

Les traités spéciaux sur la chimie analytique sont ou trop volumineux ou

[1] Plusieurs ouvrages indiqués comme étant en préparation seront mis sous presse avant la fin de l'année 1865 ou dans les premiers jours de l'année 1866.

incomplets, en ce sens que, dans ces derniers, manquent les indications indispensables pour que l'élève puisse se conduire lui-même.

M. le docteur Will a su éviter ces deux défauts : son guide enseigne d'une manière simple, substantielle et méthodique, tout ce qu'il faut savoir pour devenir capable de découvrir et de séparer les parties constituantes des corps composés.

11. Introduction à l'étude de la chimie, contenant les principes généraux de cette science, les proportions chimiques, la théorie atomique, le rapport des poids atomiques avec le volume des corps, l'isomorphisme, les usages des poids atomiques et des formules chimiques, les combinaisons isomériques des corps catalyptiques, etc., accompagné de considérations détaillées sur les acides, les bases et les sels, par M. J. LIEBIG, traduit de l'allemand par Ch. GUÉRARD, augmenté d'une table alphabétique des matières présentant les définitions techniques et les relations des corps. 1 vol., 218 pages.   2 fr. 50

L'accueil favorable que cette traduction a rencontré en France rappelle le succès obtenu en Allemagne par l'édition originale de l'illustre chimiste.

Dans cette *Introduction* sont exposés d'une manière succincte et claire les principes généraux de la chimie, les proportions chimiques, la théorie atomique, en un mot toutes les notions élémentaires indispensables à celui qui veut aborder la chimie analytique.

12. Moyens pratiques de reconnaître et de corriger les **fraudes et les maladies du vin,** suivi d'un Traité d'**Analyse chimique** de tous les vins, par M. Jacques BRUN, vice-président de la Société suisse des pharmaciens. 1 vol., avec de nombreux tableaux.   3 fr.

L'art de frauder les vins a fait ces dernières années de rapides progrès. La chimie ne doit pas se laisser devancer par la fraude : elle doit lui tenir tête et pouvoir toujours montrer du doigt la substance ajoutée. Cette tâche, dit M. Brun, incombe surtout aux pharmaciens. Son livre est le résumé des différents traitements qu'il a cru être réellement utiles dans la pratique et qui ont le mieux réussi pour l'examen chimique des vins suspects.

13. Guide pratique pour reconnaître et pour déterminer le titre véritable et la valeur commerciale des **Potasses,** des **Soudes,** des **Cendres,** des **Acides** et des **Manganèses,** avec neuf tables de déterminations, par MM. les docteurs R. FRÉSÉNIUS et H. WILL, assistants préparateurs au laboratoire de chimie de Giessen ; traduit de l'allemand par M. le docteur W. BICHON, 1 vol., xvi-163 pages.   2 fr.

En rédigeant ce guide, les auteurs ont considéré d'une part qu'ils écrivaient pour les chimistes, et de l'autre, aussi pour des personnes qui sont moins avancées dans la science. Ils ont donc combiné leurs efforts de manière à réunir aux notions scientifiques nécessaires une exécution qui pût être généralement comprise de tous.

En présence du rôle important que jouent dans la technologie et dans les arts industriels les substances auxquelles ce livre est principalement consacré, nous croyons superflu d'insister sur l'utilité de la méthode qui y est enseignée et des neuf tables qui en font le complément.

En préparation.

1. Physique.	13. Botanique.
2. Applications de la chaleur.	14. Minéralogie.
3. Galvanoplastie.	15. Géologie.
5. Photographie.	16. Vinaigrier et Moutardier.
6. Astronomie.	17. Électricité (Applications de l').
7. Chimie élémentaire.	19. Météorologie.
8. Chimie générale.	20. Anatomie.
10. Chimie industrielle.	21. Zoologie.

SÉRIE C.

ART DE L'INGÉNIEUR, PONTS & CHAUSSÉES, CONSTRUCTIONS CIVILES.

1. Le **Géomètre arpenteur**, comprenant l'arpentage, le nivellement, la levée des plans, le partage des propriétés agricoles ; suivi de l'exposition du *système métrique*, avec son application à la mesure des surfaces et des corps, par M. P.-G. Guy, ancien élève de l'École polytechnique, officier d'artillerie. 2e édition, revue, corrigée et augmentée. 1 vol., 376 pages et 5 planches, contenant 251 figures. 3 fr. 50

M. Guy a laissé de côté les travaux qui nécessitent de trop vastes connaissances géométriques et trigonométriques, et il s'est efforcé de recueillir dans ce volume, facile à transporter dans les champs, tout ce qui, s'appuyant sur un petit nombre de vérités géométriques évidentes, peut rendre un propriétaire capable de connaître et de vérifier la contenance d'un terrain, et d'en construire lui-même un plan exact. Ce guide pratique n'en est cependant pas moins un traité complet d'arpentage, car chaque division de l'ouvrage est précédé de définitions et de notions qui contiennent les vérités géométriques sur lesquelles les opérations sont fondées.

2. Guide pratique du **Conducteur des ponts et chaussées** et de l'**Agent voyer**. Principes de l'art de l'ingénieur, par M. F. Birot, ingénieur civil, ancien conducteur des ponts et chaussées. 3e édition, revue et augmentée.

Première partie : Plans et nivellements, 1 vol., viii-124 pages et 6 planches. 2 fr.

Deuxième partie : Routes et chemins. 1 vol., 155 pages et 6 planches. 2 fr.

Troisième partie : Ponts et ponceaux. (*Sous presse.*)

Quatrième partie : Travaux de construction en général. (*Id.*)

Chaque partie se vend séparément.

Un premier ouvrage de M. Birot, qui avait pour titre *Routes et ponts*, s'est épuisé avec une très-grande rapidité, et est demandé tous les jours. — La série de ces 4 volumes que publie la Bibliothèque Lacroix, représente la nouvelle édition complètement refondue et augmentée de cet excellent ouvrage.

10. Guide pratique du **Constructeur.** — Maçonnerie, par A. Demanet, lieutenant-colonel honoraire du génie, membre de l'Académie royale de Belgique, etc. 1 vol., 252 pages, avec tableau et 1 atlas in-18 de 20 planches doubles, gravées sur acier, par Chaumont. 5 fr.

Ce guide, écrit par M. Demanet, qui a professé un cours de construction à l'Ecole militaire de Bruxelles, emprunte une grande autorité à l'expérience et à la position de l'auteur.

Les 20 planches de l'atlas qui accompagnent ce guide comprennent 137 figures que Chaumont a gravées avec cette exactitude et cette élégance qui ont fondé sa réputation.

Nous rappellerons que M. le lieutenant-colonel Demanet est auteur d'un *Cours de construction* qui a eu très-rapidement deux éditions et qui embrasse la connaissance des matériaux et leur emploi, la théorie des constructions, l'établissement des fondations, l'économie des travaux, leur entretien etc., etc. Cet ouvrage, édité par la librairie scientifique, industrielle et agricole, coûte avec l'atlas 70 francs et ne pouvait par conséquent entrer dans le cadre de la *Bibliothèque des professions industrielles et agricoles.*

16. Nouvelles tables pour le tracé des **Courbes de raccordement** (chemins de fer, routes et chemins), calculées par M. Chauvac de la Place, chef de section aux chemins de fer de l'Est. 1 vol., 120 pages, 1 planche. 3 fr. 50

Ces tables, calculées pour 82 rayons les plus fréquemment employés, et prenant pour base un petit arc exprimé en nombre rond et s'ajoutant successivement à lui-même, offrent une grande facilité. Leur mérite a été promptement apprécié par tous ceux qui ont eu l'occasion de s'en servir.

17. Guide pratique pour le tracé des **Courbes sur le terrain,** par Eug. Peronne. 2 fr.

18. Construction des chemins de fer, par M. J. Maleville. 1 vol. 119 pages, tableaux et 2 planches. 3 fr.

Cet ouvrage, très-abrégé, ainsi qu'on peut en juger par le nombre de pages qu'il compte, a résumé, condensé les principes essentiels utiles aux agents voyers : aussi a-t-il promptement été adopté par eux.

21. Traité de l'**Exploitation des chemins de fer, voyageurs et bagages,** par M. Victor Emion, précédé d'une préface par M. Jules Favre. 1 vol., xvi-505 p. 2 fr. 50
Deuxième partie : **Marchandises.** 1 vol., vii-459 p. 3 fr. 50

Aujourd'hui tout le monde voyage. Le manuel de M. V. Emion est donc le guide obligé de tout le monde. Il fait connaître à chacun ses droits et ses devoirs vis-à-vis des compagnies : il prend le voyageur chez lui, il le mène à la gare, le suit à son départ, pendant sa route, à son arrivée, et le ramène à son domicile ; il prévoit toutes les difficultés, toutes les contestations et en donne la solution fondée sur la loi, les règlements, la jurisprudence et l'équité.

Dans la seconde partie, M. Emion traite avec beaucoup de détails l'organisation du service des marchandises, les tarifs, les formalités exigées pour la remise des marchandises en gare, l'expédition, la livraison, enfin tout ce qui concerne les actions à intenter aux Compagnies, soit pour avaries, soit pour retard, perte, négligence, etc.

27. Notions générales sur les Chemins de fer, statis-

tique, histoire, exploitation, accidents, organisation des compagnies, administration, tarifs, service médical, institutions de
prévoyance, construction de la voie, voitures, machines fixes,
locomotives, nouveaux systèmes ; suivi des Biographies de
Cugnot, Seguin et George Stephenson, d'un Mémoire sur les
avantages respectifs des différentes voies de communication,
d'un Mémoire sur les chemins de fer considérés comme moyens
de défense d'un pays, et d'une bibliographie raisonnée ; par
M. Auguste PERDONNET, ancien élève de l'Ecole polytechnique,
ancien ingénieur en chef de plusieurs chemins de fer, directeur de l'Ecole centrale des arts et manufactures, président
honoraire de la Société des ingénieurs civils, président de
l'Association polytechnique, etc. 1 vol., 452 pages, avec de
nombreuses figures dans le texte.   5 fr.

Après avoir publié deux ouvrages techniques sur les chemins de fer, qui
s'adressaient directement aux hommes spéciaux, M. A. Perdonnet a voulu dans
ses *Notions générales* se rendre intelligible pour tout le monde. Outre les
questions techniques et économiques, il traite dans ces *Notions* des questions d'organisation des compagnies et d'exploitation dont il n'avait pas à parler dans ses deux grands ouvrages. Nous signalerons l'importance des renseignements historiques et statistiques dont il a enrichi notre publication.

Sous presse.

20. Études et notions pratiques sur les **Constructions à la
mer**, par M. Bouniceau. 1 vol. d'environ 500 pages, accompagné
d'un atlas d'environ 50 planches doubles, gravées par EHRARD.

Cet ouvrage paraîtra en décembre 1865 , son prix pour les souscripteurs
est fixé à 10 francs.

En préparation.

3. Métreur vérificateur.
4. Fabrication des briques.
5. Architecte.
6. Tailleur de pierre.
7. Charpentier.
8. Construction des escaliers.
9. Fumisterie.
11. Chaufournier et plâtrier, ci-
ments et mortiers.
12. Marbrier.
13. Peintre en bâtiment.
14. Construction en fer.
15. Hydraulique.

23. Routes et chemins de fer
(matériel fixe et roulant).
24. Tables de cubages pour les
matériaux de toutes natures.
25. Tables pour les poids des
matériaux de toutes natures.
26. Chauffage et ventilation.
28. Terrassier.
29. L'appareilleur.
30. Architecture. Principes généraux de l'art de l'architecture religieuse. Eglises, tem-
ples, chapelles, etc.

SÉRIE D.

MINES ET MÉTALLURGIE, MINÉRALOGIE, GÉOLOGIE, HISTOIRE NATURELLE.

3. Métallurgie, ou Exposition détaillée des divers procédés employés pour obtenir les *métaux utiles*, précédé de l'essai et de la préparation des minerais, par MM. D... et L... 1 vol., 347 pages et 8 planches. 2 fr.

Cet ouvrage réunit, sous un petit volume, un corps d'instructions suffisant pour guider les personnes qui désirent connaître les principes de la métallurgie et ses applications journalières.

Les dessins qui accompagnent ce guide pratique sont d'une grande exactitude.

4. Guide pratique du métallurgiste. **Le Fer,** son histoire, ses propriétés et ses différents procédés de fabrication, par M. William FAIRBAIRN, ingénieur civil, membre de la Société royale de Londres, correspondant de l'Institut de France, etc., traduit de l'anglais avec l'approbation de l'auteur, et augmenté de notes et d'appendices, par M. Gustave MAURICE, ingénieur civil des mines, secrétaire de la rédaction du Bulletin de la Société d'encouragement. 1 vol., 331 pages et 68 figures dans le texte. 5 fr.

Le nom de M. Fairbairn fait autorité dans l'industrie du fer. Après avoir tracé l'histoire des progrès de la fabrication du fer, l'auteur donne les analyses des minerais et des combustibles dans leurs rapports avec les résultats des différents procédés de fabrication ; il saisit cette occasion de donner la description des fourneaux, machines, etc., employés dans la métallurgie du fer.

M. Maurice, l'élégant traducteur du livre de M. Fairbairn, a complété par des notes et des appendices tout ce que le texte original pouvait présenter de trop laconique ou de trop exclusivement rédigé en vue de la métallurgie anglaise. Parmi ces appendices on remarquera ceux concernant les procédés Bessemer, et sur la résistance des tubes à l'écrasement.

5. Emploi de l'acier, ses propriétés, par J.-B.-J. DESSOYE, ancien manufacturier, avec une introduction et des notes par Ed. GRATEAU, ingénieur civil des mines. 1 vol. de 303 p. 3 fr.

Ce livre constitue une véritable monographie de l'acier. M. Dessoye prend l'art de fabriquer l'acier à son origine et nous montre ses progrès. Il signale la nature et les propriétés natives de l'acier, en indique les différents modes d'élaboration et termine son guide par une étude sur l'emploi de l'acier dans les manipulations qu'on lui fait subir. Comme le fait remarquer M. Grateau dans sa savante introduction, ce livre s'adresse à tous ceux qui sont appelés à acheter et à consommer de l'acier d'une qualité quelconque sous toute forme, et il sera lu avec fruit par tous les praticiens.

Cet ouvrage est en quelque sorte complété par un volume de M. Landrin. Quoique nous ayons publié cet ouvrage en dehors de la Bibliothèque, nous devons le citer ici. Il forme 1 volume, format de la Bibliothèque, de 315 pages avec figures dans le texte. 5 fr.

11. Guide pratique de la **recherche,** de l'**extraction** et de la

fabrication de l'**Aluminium** et des **Métaux alcalins.**
Recherches techniques sur leurs propriétés, leurs procédés
d'extraction et leurs usages, par MM. Charles et Alexandre
Tissier, chimistes-manufacturiers. 1 vol., 226 pages, 1 planche
et figures dans le texte.   3 fr.

Les notions sur l'aluminium se trouvaient disséminées dans des recueils
nombreux publiés en France et à l'étranger. Les auteurs de ce guide ont eu
l'idée de faire de ces notions éparses un tout homogène dans lequel, après
avoir retracé l'historique de la préparation des métaux alcalins, ils esquis-
sent à grands traits l'histoire de la préparation de l'aluminium. Des chapitres spéciaux sont consacrés à la fabrication industrielle et aux propriétés
physiques et chimiques du nouveau métal.

13. Guide pratique de l'**Alliage des métaux**, par M. A.
Guettier. 1 vol., viii-342 pages.   3 fr.

Après avoir donné quelques explications préliminaires sur les propriétés
physiques et chimiques des métaux et des alliages, l'auteur examine au point
de vue des alliages entre eux les métaux spécialement industriels, c'est-à-dire
d'un usage vulgaire très-répandu (cuivre, étain, zinc, plomb, fer, fonte, acier).
Il donne ensuite quelques indications générales sur les métaux appartenant
aux autres industries, mais n'occupant qu'une place secondaire (bismuth, an-
timoine, nickel, arsenic, mercure), et sur des métaux riches appartenant aux
arts ou aux industries de luxe (or, argent, aluminium, platine) ; enfin, il envi-
sage les métaux d'un usage industriel restreint, au point de vue possible de leur
association avec les alliages présentant quelque intérêt dans les arts industriels.

14. L'Art du **Maître de forges.** Traité théorique et pratique
de l'exploitation du fer et de ses applications aux différents
agents de la mécanique et des arts, par M. Pelouze. 2 vol.,
ensemble 806 pages, et 10 planches.   5 fr.

Ce traité est toujours consulté avec fruit : c'est le résumé d'une longue
expérience. L'art du maître de forges a fait des progrès notables depuis les
dernières années, mais c'est toujours dans le livre substantiel de M. Pelouze
qu'on va retrouver les notions théoriques et pratiques qui renfermaient en
germe les améliorations qui se sont succédé.

15. **Minéralogie usuelle.** Exposition succincte et méthodique
des minéraux, de leurs caractères, de leur composition chimique, de leurs gisements, de leurs applications aux arts et à
l'économie, par M. Drapiez. 1 vol., 504 pages.   2 fr.

A la lucidité des définitions et à la simplicité de la méthode d'exposition, ce
guide joint un autre mérite qui n'échappera pas aux hommes pratiques : il
contient la description de 1,500 espèces minérales dont il analyse les caractères distinctifs, la forme régulière et la forme irrégulière, les propriétés particulières, les compositions chimiques et les synonymies, les gisements, les
applications dans les arts, dans l'industrie, etc.

17. Traité des **Roches** simples et composées ou de la classification géognostique des Roches d'après leurs caractères minéralogiques et l'époque de leur apparition, par M. Marcel
de Serres, professeur à la Faculté des sciences de Montpellier,
conseiller honoraire à la Cour impériale de la même ville, officier de la Légion d'honneur. 1 vol., 288 pages.   3 fr.

Une analyse de la table des matières de ce traité sera la meilleure recommandation que nous puissions en faire. De la composition du globe; — de la classification minéralogique des roches composées: — des roches plutoniques, ou des roches cristallines; — des roches plutoniques composées à deux éléments dérivés des granites (six sous-familles); — roches plutoniques composées à trois éléments dont l'un est l'amphibole; — *idem*, dont l'un est le talc, la stéatite ou le chlorate; — *idem*, dont l'un est le pyroxène; — de quelques roches simples; — des divers degrés d'ancienneté des roches composées. — L'ouvrage est complété par divers tableaux et par les coupes idéales des terrains de gneiss de l'Ecosse.

19. Pétrole (le), ses gisements, son exploitation, son traitement industriel, ses produits dérivés, ses applications à l'éclairage et au chauffage, par MM. Emile Soulié et Hipp. Haudoüin, anciens élèves de l'Ecole des mines. 1 vol., 252 pages, avec figures dans le texte. 5 fr.

A l'étude chimique du pétrole naturel les auteurs ont joint l'étude industrielle qui a pour but d'indiquer les moyens d'appliquer les données de la science. Les fabricants trouveront dans ce livre des renseignements véritablement pratiques, non-seulement sur le traitement chimique en lui-même, mais aussi sur les appareils qui serviront à l'effectuer.

En préparation.

1. Recherche et exploitation des mines.
2. Sondeur.
6. Le zinc.
7. Le cuivre.
8. Le plomb et l'étain.
9. L'argent.
10. L'or.
12. Essayeur.
16. Extraction de la tourbe.
18. Asphaltes et bitumes.
20. Exploitation des houillères.

SÉRIE E.

MACHINES MOTRICES.

En préparation.

1. Construction des machines et des roues hydrauliques.
2. Conduite, chauffage et entretien des machines fixes et locomobiles.
3. Des machines locomotives.
4. Des machines à vapeur marines.
5. Construction des moulins à vent.
6. Construction des machines agricoles.
7. Construction des engrenages.

SÉRIE F.

PROFESSIONS MILITAIRES ET MARITIMES.

Sous presse.

4. Guide pratique de la fabrication des **Poudres et Salpé-**

tres, par M. le major STEERK. 1 vol. d'environ 450 pages, avec de nombreuses figures dans le texte.

Cet ouvrage paraîtra dans le mois de décembre prochain. Son prix pour les souscripteurs est fixé à 3 francs.

En préparation.

1. Topographie militaire.
2. Pontonnier.
3. Artificier et feux d'artifice.
5. Constructions navales.
6. Capitaine au long cours.
7. Maître au cabotage.
8. Topographie marine, le lever du plan d'une côte ou baie.
9. Instruments et calculs nautiques.

SÉRIE G.

ARTS, — PROFESSIONS INDUSTRIELLES.

1. Guide pratique de **Tissage**. *Première partie :* Exposé complet de la fabrication des tissus, par M. T. BONA, directeur de l'École de tissage et de dessin industriel de Verviers. 1 vol., 169 pages. 5 fr.

2. *Deuxième partie :* Composition des tissus. 1 v., 170 p. 3 fr.

Les deux parties réunies forment un traité complet de tissage. La première enseigne à *produire bien* et *économiquement*, la deuxième enseigne à *créer*, c'est-à-dire que M. Bona y a réuni avec ordre et clarté les connaissances que réclame la composition des nouveautés, aussi bien sous le rapport des tissus que sous le rapport des nuances et des dessins. Les deux atlas qui accompagnent ce guide pratique sont d'une grande élégance d'exécution.

3. **Fabrication des Tissus imprimés**, impression des **étoffes de soie.** Ouvrage accompagné de planches et enrichi de nombreux échantillons, par M. D. KÆPPELIN, chimiste, directeur de fabriques d'impression sur étoffes. Deuxième édition augmentée d'un appendice. 1 vol., 142 p., 1 pl. et nombreux échantillons. 10 fr.

M. Kæppelin, avec l'autorité qui s'attache à une longue expérience, décrit successivement toutes les opérations de l'impression proprement dite, en commençant par celles qui les précèdent (blanchiment et mordançage); puis viennent l'impression à la main, à la perrotine, au rouleau à l'aide de pierres lithographiques. Des chapitres spéciaux sont consacrés au fixage, au lavage, à l'apprêt, à la fabrication des foulards, aux différents genres de dérivés, etc.

4. Manuel de la **Literie**, par M. Jean DE LATERRIÈRE, manufacturier. 1 vol., 180 pages, avec 14 planches. 2 fr.

Ce manuel contient : 1° la description analytique, le genre de fabrication et le mode de traitement des meubles et objets mobiliers usités dans la literie ; 2° une série d'observations pratiques sur la composition et l'installation des lits dans les hôpitaux.

Quelque aride que paraisse le sujet traité par M. de Laterrière, abstraction faite de son incontestable utilité, l'auteur a su le parsemer de réflexions humouristiques qui font du *Manuel de la literie* une lecture attrayante.

5. Traité théorique et pratique de la recherche, du travail et de
l'exploitation commerciale des **Matières résineuses** provenant du pin maritime, par M. E. DROMART, ingénieur civil
à Bordeaux. 1 vol., viii-96 pages, 3 planches.   3 fr.

Après quelques mots sur le pin en général, M. Dromart donne les caractères
chimiques de la gemme qui en découle, ainsi que ceux des essences de térében-
thine et de la colophane qui en dérivent. Il compare les deux systèmes de
gemmage usités dans les Landes et décrit tous les appareils nécessaires à la fabrication des produits résineux, avec les perfectionnements qu'on y a appor-
tés. Le livre se termine par un aperçu de l'emploi des essences et des colo-
phanes dans les principales industries.

9. **Connaissance** et **Exploitation** des **Corps gras industriels,** contenant l'histoire des provenances, des modes d'extraction, des propriétés physiques et chimiques, du commerce
des corps gras ; des altérations et des falsifications dont ils sont
l'objet, et des moyens anciens et nouveaux de reconnaître ces
sophistications, par M. Théodore CHATEAU, chimiste, ex-pré-
parateur au Muséum d'histoire naturelle ; ouvrage à l'usage des
chimistes, des pharmaciens, des parfumeurs, des fabricants
d'huiles, etc., des épurateurs, des fondeurs de suif, des fabricants de savon, de bougie, de chandelle, d'huiles et de graisses
pour machines, des entrepositaires de graines oléagineuses et
de corps gras, etc. 2ᵉ édition, revue et augmentée. 1 volume,
386 pages ou tableaux, suivi d'un appendice nouveau.   4 fr.

M. Chateau, en publiant la première édition de cet ouvrage, avait eu pour
but de donner aux chimistes et aux manufacturiers une histoire aussi complète que possible des corps gras industriels employés tant en France qu'à
l'étranger, et considérés au point de vue de leur provenance, de leur extraction, de leur composition, de leurs propriétés physiques et chimiques, de
leur commerce et de leurs altérations spontanées ou frauduleuses.
Dans la nouvelle édition publiée dans notre *Bibliothèque*, M. Chateau a
ajouté à sa monographie des corps gras un appendice renfermant quelques
corrections indispensables et d'importantes additions.

12. Trois sources d'économie de combustibles. Guide pratique du
Constructeur d'appareils économiques de chauffage
pour les combustibles solides et gazeux, traitant des générateurs
à gaz fixes et locomobiles, de l'application de la chaleur con-
centrée et du calorique perdu aux chaudières à vapeur et aux
fours de toute espèce, à l'usage des ingénieurs, architectes,
fumistes, verriers, briquetiers ; des forges, fabriques de zinc,
de porcelaine, de faïence, d'acier, de produits chimiques ; des
raffineries de sucre, de sel, des industries métallurgiques et
autres employant la chaleur ; par M. Pierre FLAMM, manufacturier, auteur d'un ouvrage qui a pour titre *le Verrier au
dix-neuvième siècle.* 157 pages et 4 planches.   3 fr.

M. Flamm a pris pour épigraphe de son livre *Non multa sed multum.* Jamais devise n'a été plus fidèlement respectée. Dans ce traité tout est substantiel, rien n'est inutile. Les constructeurs y trouveront des données pra-

tiques et les grands industriels pourront, après l'avoir lu, se rendre compte des qualités que doivent posséder les appareils qu'ils font établir dans leurs usines ou dans leurs fabriques.

25. Guide pratique du **Bijoutier**. Application de l'harmonie des couleurs dans la juxtaposition des pierres précieuses, des émaux et de l'or de couleur, par M. L. Moreau, bijoutier et dessinateur. 1 vol., 108 pages, avec 2 planches. 1 fr.

Ce petit livre est une protestation hardie contre l'esprit de routine. L'auteur a réuni les données fournies par la science sur l'harmonie et le contraste des couleurs, et, comparant ces données aux observations faites dans la pratique du métier, il a formé une théorie applicable à la bijouterie.

26. Guide pratique du **Joaillier**, ou Traité complet des pierres précieuses, leur étude chimique et minéralogique, les moyens de les reconnaître sûrement, leur valeur approximative et raisonnée, leur emploi, la description des plus extraordinaires et des chefs-d'œuvre anciens et modernes auxquels elles ont concouru, par M. Ch. Barbot, ancien joaillier, inventeur du procédé de décoloration du diamant brut, membre de plusieurs Sociétés savantes. 1 vol., 567 pages, 5 planches renfermant 178 figures, représentant les diamants les plus célèbres de l'Inde, du Brésil et de l'Europe, bruts et taillés, et les dimensions exactes des brillants et roses en rapport avec leur poids, depuis un carat jusqu'à cent carats. 5 fr.

Écrit tout à la fois pour les praticiens et les gens du monde, ce guide donne, par ordre alphabétique, la description de toutes les pierres précieuses en en indiquant l'aspect, la couleur, la dureté, l'éclat, la pesanteur spécifique, la composition chimique, la forme géométrique, le gisement, l'abondance et la rareté, l'emploi et le prix.

Un article spécial a été consacré au diamant, la pierre de prédilection de nos jours.

31. Guide pratique d'**Hydraulique** urbaine et agricole, ou Traité complet de l'établissement des conduites d'eau pour l'alimentation des villes, des bourgs, châteaux, fermes, usines, etc., comprenant les moyens de créer partout des sources abondantes d'eau potable, par M. Jules Laffineur, ingénieur civil, etc. Ouvrage formant le complément du *Guide pratique de l'Ingénieur agricole* (voir p. 27, n° 5). 2e tirage, augmenté d'un supplément. 1 vol., 150 pages et 2 planches. 2 fr.

En publiant cet ouvrage, M. Laffineur a eu pour but de réunir en un faisceau les principales données de la science hydraulique expérimentale. On y trouvera réunis tous les renseignements, toutes les formules, toutes les applications pour la conduite des eaux.

55. Guide pratique ou l'Art de fabriquer la **Porcelaine** ; suivi d'un Vocabulaire des mots techniques et d'un Traité de la peinture et dorure sur porcelaine, par M. F. Bastenaire-Daudenart, ancien manufacturier, ex-propriétaire et directeur

de la manufacture de porcelaine à Fritte de Saint-Amand-les-Eaux. 2 vol., 846 p., nombreuses fig. dans le texte.   10 fr.

Rare.

34. Guide pratique ou l'Art de fabriquer la **Faïence**, recouverte d'un émail opaque blanc et coloré, etc. 1 vol., 381 pages et 2 planches.   10 fr.

Très-rare.

Il ne nous reste que fort peu d'exemplaires de ces deux ouvrages. Depuis leur publication, il s'est fait peut-être des livres plus savants, mais aucun n'est plus pratique.

35. **Fabrication du papier** et **du carton**, par M. A. Prou-TEAUX, ingénieur civil, ancien élève de l'Ecole centrale des arts et manufactures, directeur de la papeterie de Thiers (Puy-de-Dôme). 1 vol., 273 p. et atlas de VII planches doubles gravées sur acier avec leurs légendes en regard.   4 fr.

Après avoir énuméré et classé méthodiquement les diverses matières premières, l'auteur nous initie aux détails de la fabrication et nous décrit les nombreuses transformations que subit le chiffon avant de sortir de la cuve ou de la machine sous forme de papier. Il nous apprend à connaître et à distinguer les différentes espèces de papier, leurs formats, leurs poids, leurs dimensions, et décrit les diverses machines qui constituent le matériel d'une papeterie.

43. Guide pratique du **Parfumeur**, Dictionnaire raisonné des **Cosmétiques** et **Parfums**, contenant la description des substances employées en parfumerie, les altérations ou falsifications qui peuvent les dénaturer, etc., les formules de plus de 500 préparations cosmétiques, huiles parfumées, poudres dentifrices, épilatoires; eaux diverses, extraits, eaux distillées, essences, teintures, infusions, esprits aromatiques, vinaigres et savons de toilette, pastilles, crèmes, etc. Ouvrage entièrement nouveau présentant des considérations hygiéniques sur les préparations cosmétiques qui peuvent offrir des dangers dans leur emploi, par M. le docteur Adolphe-Benestor LUNEL, chimiste, membre des Académies impériales des sciences de Caen, Chambéry, etc., ancien professeur de chimie et d'histoire naturelle, etc. 1 vol., 215 pages.   5 fr.

44. Guide pratique de l'**Épicerie**, ou Dictionnaire des denrées indigènes et exotiques en usage dans l'économie domestique, comprenant : l'étude, la description des objets consommables; les moyens de constater leurs qualités, leur nature, leur valeur réelle; les procédés de préparation, d'amélioration et de conservation des denrées, etc., contenant en outre la fabrication des liqueurs, le collage des vins, etc.; enfin les procédés de fabrication d'une foule de produits que l'on peut ajouter au

commerce de l'épicerie, par le docteur Benestor LUNEL, membre de plusieurs sociétés savantes. 1 vol. de 256 pages.   2 fr.

Nous n'avons rien à ajouter aux titres de ces deux ouvrages qui indiqueront leur utilité. Nous devons seulement constater que le docteur Lunel a consciencieusement rempli le cadre qu'il s'était tracé.

48. Guide pour l'essai et l'analyse des **Sucres** indigènes et exotiques, à l'usage des fabricants de sucre. Résultats de 200 analyses de sucres classés d'après leur nuance, par M. Émile MONIER, ingénieur chimiste, ancien élève de l'École centrale des arts et manufactures, membre de la Société de chimie de Paris. 1 vol. d'environ 95 pages, avec figures dans le texte et tableaux.   2 fr.

L'auteur, après avoir rappelé les propriétés générales des substances saccharifères, donne les méthodes les plus simples qui permettent de doser avec précision ces mêmes substances. Quelques notes sur l'altération et le rendement des sucres soumis au raffinage terminent le travail de M. Monier, dont M. Payen a fait un éloge mérité devant l'Académie des sciences.

50. Traité de la fabrication des **Liqueurs** françaises et étrangères sans distillation. 3e édition, augmentée de développements plus étendus, de nouvelles recettes pour la fabrication des liqueurs, du kirsch, du rhum, du bitter, la préparation et la bonification des eaux-de-vie et l'imitation de celles de Cognac, de différentes provenances, de la fabrication des sirops, etc., etc., par M. L.-F. DUBIEF, chimiste œnologue. 1 vol., 288 pages.   4 fr.

Ce traité est formulé en termes clairs et familiers : la personne la moins expérimentée dans l'art du distillateur qui en lira attentivement les préceptes, pourra sans autre guide devenir un bon fabricant après quelques essais.

60. **Essai et dosage des huiles** employées dans le commerce ou servant à l'alimentation, des savons et de la farine de blé ; manuel pratique à l'usage des commerçants et des manufacturiers, par Cyrille CAILLETET, pharmacien de première classe, etc. 1 vol., 104 pages.   3 fr.

Ce guide décrit avec clarté des procédés nouveaux et pratiques pour découvrir la sophistication des huiles, pour l'analyse prompte des savons, et pour l'essai commercial de la farine de blé. Les procédés de M. Cailletet ont à leur tour subi la pierre de touche de l'expérience ; la Société industrielle de Mulhouse a couronné en 1857 et en 1859 le dosage des huiles mélangées et celui des savons. La Société des arts, sciences et belles-lettres de Paris a couronné en 1855 l'essai de la farine de blé.

Sous presse.

8. **Fabrication des vernis,** par M. Henry VIOLETTE, ancien élève de l'École polytechnique, commissaire des poudres et salpêtres, membre de plusieurs sociétés savantes. 1 vol. d'environ 450 pages, avec de nombreuses figures dans le texte.

Doit paraître en novembre. Le prix pour les souscripteurs est fixé à 3 fr. 50.

En préparation.

5. Teinturier et préparation des matières tinctoriales.
6. Blanchiment.
7. Fabrication des couleurs.
10. L'Ouvrier mécanicien, ou Mécanique de l'atelier.
11. Le Forgeron et l'Ouvrier forgeron.
13. Menuisier.
14. Menuisier modeleur.
15. Ebéniste.
16. Tourneur en bois.
17. Sculpteur.
18. Tapissier, ameublement et décoration.
19. Serrurier.
20. Ajusteur et tourneur en métaux.
21. Fondeur et mouleur.
22. Ferblantier.
24. Marqueteur.
25. Chaudronnier.
27. Horloger-mécanicien.
28. Graveur.
29. Luthier.
30. Brocheur, relieur et cartonnier.
31. Conservation des bois.
32. Vitrification et fabrication des glaces.

36. Peinture sur verre et sur porcelaine.
37. Imprimeur-typographe.
38. Imprimeur - lithographe et en taille-douce.
39. Charbonnage, coke, tourbe.
40. Fabrication du gaz.
41. Huiles.
42. Bougies et chandelles.
43. Fabrication des savons.
46. Meunerie et Boulangerie.
47. Saunier.
48. Amidonnier.
49. Cuisinier.
51. Sommelier.
52. Pâtissier.
53. Distillation.
54. Fabrication des bières.
55. Pharmacien.
56. Fabrication du sucre.
57. Raffinage.
58. Chocolatier, confiseur, etc.
59. Pharmacien-droguiste.
61. Instruments de précision.
62. Préparation et filature du chanvre et du lin.
63. Féculier.
64. Blanchissage et buanderie.
65. Naturaliste préparateur.
66. Herboriste.

SÉRIE II.

AGRICULTURE, JARDINAGE, HORTICULTURE, EAUX ET FORÈTS, — CULTURES INDUSTRIELLES, ANIMAUX DOMESTIQUES, APICULTURE, PISCICULTURE, ETC.

2. Guide pratique d'**Agriculture**. Traité élémentaire, par M. H. HERVÉ DE LAVAUR, propriétaire-agriculteur, membre de plusieurs Sociétés savantes. 1 vol., 256 pages.   2 fr.

3. **Ingénieur agricole** (L'), hydraulique, dessèchement, irrigations, etc.; suivi d'un appendice, contenant les lois, décrets,

règlements et instructions ministérielles qui régissent ces matières, par Jules LAFFINEUR, ingénieur civil et agronome, membre de plusieurs Sociétés savantes, etc. 1 vol., 266 pages et 3
planches.   3 fr.

Le *Guide pratique d'hydraulique* (p. 24, nº 31), du même auteur, s'adresse
plus particulièrement aux habitants des villes, aux grands propriétaires, a ceux
qui ont mission d'étudier ou d'établir des conduites d'eau. L'*Ingénieur agricole*
s'occupe plus spécialement des travaux de la campagne. Les agriculteurs y
trouveront des notions précises sur les travaux qu'il est de leur intérêt de faire
exécuter, et des renseignements exacts sur leurs droits et leurs devoirs.

5. **Aménagement des animaux. Écuries et étables**,
par Eugène GAYOT, membre de la Société impériale et centrale
d'agriculture. 1 vol., 208 p., avec 64 fig. dans le texte. 3 fr.

Aucun animal ne saurait être développé dans ses facultés natives, dans ses
aptitudes propres, et produire activement dans le sens de ces dernières, si
on ne le place dans les meilleures conditions d'alimentation, de logement, de
multiplication. M. Gayot, avec l'autorité d'une longue expérience, a réuni
dans ce guide les conditions générales d'établissement et les dispositions particulières aux diverses espèces d'animaux.

2ᵉ partie, **Porcheries et Poulaillers.** (*Sous presse.*)

6. Eléments des **Sciences physiques** appliquées à l'agriculture. 1º *Chimie inorganique*, suivie de l'étude des marnes,
des eaux et d'une méthode générale pour reconnaître la nature d'un des composés *minéraux* intéressant l'agriculture ou
la médecine vétérinaire, par M. A.-F. POURIAU, docteur ès
sciences, ancien élève de l'École centrale, etc. 1 vol., 512 p.,
avec de nombreuses fig. dans le texte et tableaux.   6 fr.

7. 2º *Chimie organique*, comprenant l'étude des éléments con-
stitutifs des végétaux et des animaux, des notions de physiologie végétale et animale, l'alimentation du bétail, la production du fumier, etc., par LE MÊME. 1 vol., 541 pages, avec de
nombreuses figures dans le texte et tableaux.   6 fr.

On ne fait plus l'éloge des livres de M. Pouriau. M. Pouriau est professeur
et sous-directeur à l'École impériale d'agriculture de Grignon; l'élection l'a
fait secrétaire général de la Société impériale d'agriculture de Lyon ; voilà
quelques-uns des titres de l'homme ; quant a ses ouvrages, ils sont promptement devenus classiques, et ils sont en même temps consultés avec fruit par
les gens du monde.

7 *bis*. Guide pratique de la construction, de l'emploi et de la
conduite des **Machines agricoles** en général et des machines à vapeur en particulier, par M. Jules GAUDRY, ingénieur au chemin de fer de l'Est, etc. 1 vol., 100 pages. 1 fr.

8. **Drainage**, résultats d'observations et d'expériences pratiques faites par M. C.-E. KIELMANN, directeur de l'École agricole
de Haasenfeld (Prusse), et publiées à l'usage des agriculteurs
français, par C. HOMBOURG. 1 vol., 104 pages avec figures
dans le texte.   1 fr.

La plupart des ouvrages publiés sur le drainage sont le résultat d'études théoriques que l'expérience n'a pas encore sanctionnées. M. Kielmann est entré dans une autre voie : il n'a eu recours à la théorie qu'autant que cela était nécessaire pour expliquer certains phénomènes. Comme il le dit dans sa préface : il voulait offrir à ceux qui commencent à s'occuper du drainage et même au simple paysan, un manuel tel que le lecteur pût dire, après l'avoir parcouru : C'est facile à comprendre, desormais je pourrai travailler. — Ce but, le succès du *Guide pratique du drainage* le prouve, a été largement atteint.

9. **Chimie agricole.** Leçons familières sur les notions de chimie élémentaire utiles au cultivateur, et sur les opérations chimiques les plus nécessaires à la pratique agricole, par M. N. Basset, auteur de plusieurs ouvrages d'agriculture et de chimie appliquée. 1 vol., 356 pages avec figures dans le texte.   3 fr.

L'auteur, laissant de côté les grands mots et les formules scientifiques, a cherché, avant tout, à se rendre intelligible à tous. Dans une série de leçons familières, après avoir prouvé la nécessité de la chimie pour l'agriculture, il a successivement traité de l'analyse des sols, des amendements, de la composition des plantes, de celle des animaux, de quelques industries agricoles, etc. Des observations succinctes et des notions intéressantes sur divers sujets complètent cette *Chimie agricole.*

11. Guide pratique des **Conférences agricoles,** par M. Louis Gossin, cultivateur, professeur d'agriculture dans l'Oise, etc. 1 vol., xii-112 pages.   1 fr.

17. **Éducation lucrative des Lapins,** ou Traité de la race cuniculine, suivi de l'Art de mégisser leurs peaux et d'en confectionner des fourrures, par M. Mariot-Didieux, vétérinaire en premier attaché aux remontes de l'armée, membre de plusieurs sociétés savantes. 1 vol., 162 p.   2 fr.

L'industrie de l'éducation de la race cuniculine est créée et elle marche vers le progrès. C'est dans le but de la voir se propager dans les campagnes comme une des industries peut-être les plus propres à tarir les sources du paupérisme et de la misère que l'auteur a publié cette nouvelle édition de son *Guide pratique* en l'enrichissant d'un grand nombre de données nouvelles. En résumé l'auteur démontre qu'aucune viande ne peut être produite à aussi bon marché que celle du lapin.

18. **Éducation lucrative des Poules,** ou Traité raisonné de Gallinoculture, par le même. 1 vol., 444 pages.   3 fr. 50

L'éducation, la multiplication et l'amélioration des animaux qui peuplent les basses-cours ont fait depuis une quinzaine d'années de notables progrès. Répondant à un besoin de l'économie domestique, l'auteur de ce guide pratique a voulu faire un traité complet de gallinoculture dans lequel, après des considérations historiques, anatomiques et physiologiques sur les poules, il décrit les caractères physiques et moraux de quarante-deux races, apprend à faire un choix parmi ces races si diverses, et indique les moyens de conservation et de multiplication des individus. Des chapitres spéciaux sont consacrés aux maladies, à la pharmacie gallinée, à la statistique des poules et des œufs de la France, etc.

19. **Éducation lucrative des Oies** et des **Canards,** par

le même. 1 vol., 180 pages, avec de nombreuses figures dans le texte. 1 fr. 50

Ces deux monographies sont à la fois utiles, instructives et amusantes. L'auteur décrit les mœurs particulières de chaque espèce et indique le genre de nourriture favorable à leur multiplication, et propre à donner des bénéfices aux éleveurs. Toutes ces notions, parsemées de données historiques, d'anecdotes, de réflexions philosophiques, offrent une lecture des plus attrayantes.

20. Guide pratique du **Pisciculteur,** par M. Pierre CARBONNIER, pisciculteur, fabricant d'appareils à éclosion, membre de la section des poissons de la Société impériale d'acclimatation et de plusieurs Sociétés savantes, etc. 1 vol., 200 pages, avec nombreuses figures dans le texte. 2 fr.

Ce n'est pas comme un théoricien ou un savant systématique que M. Carbonnier se présente à ses lecteurs : ce sont les résultats pratiques qu'il a obtenus dans la *piscifacture* construite et exploitée par lui à Champigny, qui lui donnent le droit d'indiquer les méthodes et les systèmes qui ont le mieux réussi, c'est-à-dire qui lui ont donné les résultats les plus profitables. Le *Traité de pisciculture* est suivi d'une notice sur les poissons d'eau douce qui vivent dans nos climats, leurs formes, leurs habitudes, enfin les particularités relatives à la culture artificielle de chacun d'eux. Un appendice est consacré aux *aquarium* d'appartement.

21. Guide pratique du **Chasseur médecin,** ou Traité complet sur les maladies du chien, par M. Francis CLATER, vétérinaire anglais ; traduit de l'anglais sur la 27e édition. 3e édition française, corrigée et augmentée, par M. MARIOT-DIDIEUX, vétérinaire en premier attaché aux remontes de l'armée, etc. 1 vol., 189 pages. 2 fr.

La mention que ce livre a eu en Angleterre vingt-sept éditions dispense de tout commentaire. Le guide que nous avons placé dans notre Bibliothèque en est la troisième édition française. M. Mariot-Didieux, le savant vétérinaire, en acceptant la revision de cette édition, s'est attaché à supprimer dans le texte original des formules trop compliquées, à en simplifier d'autres et à en ajouter de nouvelles. Ainsi entièrement refondu, l'ouvrage est véritablement un traité complet sur les maladies du chien, traité auquel un chapitre sur l'art de mégisser les peaux pour en faire des tapis, sert de complément.

23. Guide pratique du **Vétérinaire** et du **Maréchal** pour le ferrage des chevaux et le traitement des pieds malades, par M. Joseph GOODWIN, médecin vétérinaire des écuries de Sa Majesté Britannique. Traduit de l'anglais. 1 vol., 244 pages et 3 planches. 2 fr.

La première édition anglaise de ce guide remonte déjà à quelques années, mais les conseils de M. Goodwin ont le mérite de ne pas vieillir, parce qu'ils reposent sur une connaissance approfondie du cheval et sur une longue expérience pratique. Nous n'hésitons pas à recommander cet ouvrage.

25. **Apiculture** (culture des abeilles), cours professé au jardin du Luxembourg par M. HAMET, apiphile, directeur de l'*Apiculteur* et des conférences agricoles du Jardin d'acclimata-

tion au bois de Boulogne, etc., etc. 1 vol., 328 pages et 106 figures dans le texte. 2e édit.; nouveau tirage.   3 fr.

Cet ouvrage est l'exposé des meilleures méthodes employées par les bons praticiens; l'on n'y trouvera donc ni système personnel, ni invention de ruche exclusivement préconisée par l'auteur. Voici les titres généraux de ce guide : Connaissance ou histoire naturelle des abeilles; produits recueillis par elles; leur architecture; travaux et soins intérieurs; essaimage; réunion des essaims; maladie et ennemis des abeilles; des ruches; leur confection; du rucher; travaux à exécuter pendant le cours de l'année; manipulation des produits des abeilles.

28. Manuel pratique de **Culture maraîchère**, par M. COURTOIS-GÉRARD, marchand grainier, horticulteur. 4e édition, augmentée d'un grand nombre de figures et de plusieurs articles nouveaux. Ouvrage couronné d'une médaille d'or par la Société impériale et centrale d'agriculture, d'une grande médaille de vermeil par la Société impériale et centrale d'horticulture. 1 vol., 396 pages et figures dans le texte.   3 fr. 50

Outre les récompenses honorifiques qui viennent d'être mentionnées, l'auteur de ce manuel a obtenu une attestation qui garantit la valeur de son travail aux yeux du public, en même temps qu'elle constate l'exactitude de ses recherches et l'utilité des notions renfermées dans son ouvrage. Cette attestation émane de vingt-cinq jardiniers-maraîchers de la ville de Paris qui, après avoir entendu la lecture du travail de M. Courtois-Gérard, déclarent qu'ils lui donnent toute leur approbation, comme étant conforme aux bonnes méthodes de culture en usage parmi eux, et autorisent l'auteur à le publier sous leur patronage.

Cette nouvelle édition a été augmentée d'un chapitre sur la culture des porte-graines et d'un vocabulaire maraîcher.

38. **Culture de l'Olivier**, son fruit et son huile, par M. Joseph REYNAUD (de Nîmes), négociant et manufacturier. 1 vol., 300 pages.   3 fr.

Ce livre est le fruit de trente-cinq années de durs travaux, de longues veilles, de nombreux voyages, de recherches patientes, de minutieuses expériences : aussi a-t-il été l'objet de nombreuses distinctions, et les procédés de M. J. Reynaud n'ont pas tardé à être pratiqués chez un grand nombre d'extracteurs d'huile.

Voici l'ordre des matières traitées dans ce guide : Origine, légendes, tradition de l'olivier; emploi, usages de ses produits; limites géographiques; description, culture, maladies; olives; comestibles; fabrication de l'huile; expériences diverses; statistiques.

L'ouvrage est terminé par des notes diverses sur l'agriculture.

41. Manuel pratique de **Jardinage**, contenant la manière de cultiver soi-même un jardin ou d'en diriger la culture, par M. COURTOIS-GÉRARD, marchand grainier, horticulteur. 6e édition. 1 vol., 396 pages et 1 planche.   3 fr. 50

Nous renvoyons à la note accompagnant le n° 28 (*Manuel de culture maraîchère*) pour les titres de M. Courtois-Gérard à la confiance publique. Dans le *Manuel du jardinier*, les jardiniers de profession trouveront des conseils, des détails nouveaux et des renseignements pratiques qu'ils peuvent ignorer ; le propriétaire et l'amateur de jardin y puiseront des instructions précises et claires, qui leur éviteront toute espèce de méprises et d'erreurs.

Cette sixième édition a été considérablement augmentée.

45. Guide pratique du tracé et de l'ornementation des **Jardins d'agrément,** par M. T. Bona, ancien architecte, directeur de l'École de dessin industriel de Verviers. 1 vol., 254 pages. 3e édition, complétement refondue et ornée de 238 figures dans le texte.   2 fr. 50

Il existe quelques ouvrages spéciaux sur la composition et l'ornementation des jardins : malheureusement ils sont généralement d'un prix élevé, et puis la plupart des auteurs arborent des prétentions qui se traduisent par la classification qu'ils ont adoptée : ils ont, en fait de jardins, des genres *graves, terribles, mélancoliques, riants, lugubres,* etc.; M. Bona pense qu'il faut étudier le terrain dont on dispose et l'embellir par des créations conformes à sa situation.

46. Le potager moderne. Traité de la **Culture des légumes,** par M. Gressent, professeur d'arboriculture à l'Institut agricole de Beauvais, etc. 1 vol., 487 pages, 10 planches.   6 fr.

47. Guide pratique de la **Taille du rosier,** sa culture, ses belles variétés, par Eugène Forney, professeur d'arboriculture à l'amphithéâtre de l'Ecole de médecine, membre professeur de l'Association philotechnique, etc. 1 vol., 208 pages et figures dans le texte.   2 fr.

Ce guide est le résumé des leçons faites par l'auteur sur la taille du rosier à l'amphithéâtre de l'Ecole de médecine, suivi d'un traité sur la culture de ce bel arbrisseau. Cet ouvrage, comme le dit M. Forney, est une œuvre de bonne foi, c'est-à-dire la recherche autant que possible du bon, du vrai et du simple. Comme tout amateur qui n'a pas possédé, aux débuts de l'étude sur la taille, cette routine qui trop souvent tient lieu de savoir-faire, il lui a suffi de se rappeler les difficultés des commencements pour chercher à les aplanir aux personnes étrangères à l'arboriculture. C'est le fruit des efforts de M. Forney pour arriver à la vulgarisation des bons procédés de taille que nous offrons au public.

48. Acclimatation des animaux domestiques. Etude des animaux destinés à l'acclimatation, la naturalisation et la domestication : Animaux domestiques, méthodes de perfectionnement, mammifères, oiseaux, poissons, insectes, vers à soie ; précédée de Considérations générales sur les climats, de l'Exposé des diverses classifications d'histoire naturelle, etc., pouvant servir de *Guide au Jardin d'acclimatation ;* par M. le docteur B. Lunel, ancien professeur d'histoire naturelle, membre de plusieurs Sociétés savantes. 1 vol., 188 pages, avec figures dans le texte.   2 fr.

M. le docteur Lunel a résumé d'une manière concise dans ce guide les notions concernant l'acclimatation, disséminées dans un grand nombre d'ouvrages volumineux. Ce livre sera consulté avec fruit par toutes les personnes qu'intéresse la grande question de l'acclimatation.

49. Guide pratique d'**Entomologie agricole,** et petit traité de la destruction des insectes nuisibles, par M. H. Gobin. 1 vol., 279 pages, avec figures dans le texte.   3 fr.

Ce traité, d'une lecture attrayante, dissimule un grand fonds de science sous des apparences légères. Le volume se compose de lettres familières adressées à un nouveau propriétaire rural. Tous les insectes qui s'attaquent aux champs et à leurs produits et aux animaux y sont passés en revue, et ce qui est mieux encore, l'auteur a indiqué le moyen de se débarrasser de cette engeance envahissante. Le livre est terminé par des nomenclatures scientifiques avec les noms français.

52. Guide pratique de l'**Ostréiculteur** et procédés d'élevage et de multiplication des races marines comestibles, par M. Félix FRAICHE, professeur de sciences mathématiques et naturelles. 1 vol., 175 p., avec figures dans le texte.   3 fr.

Les chemins de fer et la navigation en diminuant les distances ont créé pour les races marines comestibles des débouchés qui leur avaient manqué jusqu'alors. De là et d'autres causes que M. Fraiche indique, l'appauvrissement des bancs d'huîtres. L'auteur, qui s'est inspiré des travaux de M. Coste, démontre que l'ostréiculture est une industrie facile à créer et à développer, et qui donne des résultats rémunérateurs à ceux qui savent l'exploiter.

53. Richesse de l'agriculture. — Guide pratique de la **Vidange agricole**, à l'usage des agronomes, propriétaires et fermiers. Description de moyens faciles, économiques, salubres et pratiques, de recueillir, de désinfecter et d'employer utilement en agriculture l'engrais humain, par M. J.-H. TOUCHET, chef de service à la Compagnie Richer. 1 vol. de 88 p., avec figures dans le texte.   1 fr.

Les pages de M. Touchet sont riches en enseignements : son guide, en ce qui concerne les vidanges et les différentes manières d'employer l'engrais humain, est le résumé des meilleures méthodes pratiquées actuellement. Les constructeurs, les entrepreneurs, les propriétaires, les fermiers y trouveront tous des indications utiles.

Par erreur ce volume porte sur la couverture le n° 52.

54. L'**Arboriculture fruitière**. Théorie et pratique, par M. GRESSENT, professeur d'arboriculture à l'Institut de Beauvais, etc. 5ᵉ édit. 1 vol., 611 p., 254 fig. explicatives.   6 fr.

Ouvrage approuvé et encouragé par S. Exc. le Ministre de l'Agriculture, etc.

32. Culture des **Plantes fourragères** (Prairies naturelles), par A. GOBIN.

40. Culture de la **Vigne**, par FLEURY-LACOSTE.

43. Culture du **Coton**, par SICARD.

(Les numéros 32, 40 et 42 sont sous presse et paraîtront en novembre.)

55. Guide pratique d'**Analyse chimique** appliquée à l'agriculture. 1 vol., avec de nombreuses figures dans le texte, par M. A.-F. POURIAU, docteur ès sciences.

(Pour paraître fin décembre 1865.)

56. Guide pratique de **Botanique** et Traité de **Physiologie végétale**, appliquée à l'agriculture et à l'horticulture, par M. Léon LEROLLE, de Marseille. 1 vol., avec de nombreuses figures dans le texte. (Pour paraître fin novembre 1865.)

En préparation.

4. Constructions rurales.
6. Construction des serres.
10. Fabrication, choix et emploi des engrais.
12. Guide pratique de l'éleveur du cheval au point de vue de la production, de l'élevage et de l'utilisation.
13. — des bœufs.
14. — des vaches laitières.
15. — des moutons.
16. — des porcs.
22. Élevage et entretien des oiseaux de volière.
24. Le berger.
26. Sériciculture.
27. Animaux de basse-cour en général.
29. Fabrication du fromage.
30. Laiterie et fabrication du beurre.
31. Culture des céréales.
33. Culture des plantes fourragères (prairies artificielles).
34. Défrichement des landes et des bruyères.
35. Culture du sorgho.
36. — du tabac.
37. — du mûrier.
39. — du houblon.
42. Culture de l'osier.
44. De la culture et de l'aménagement des forêts.
46. Jardinier-fleuriste.
51. Pépiniériste.

SÉRIE I.

ÉCONOMIE DOMESTIQUE, COMPTABILITÉ, LÉGISLATION, MÉLANGES.

1. Guide pratique de la **fabrication des vins factices** et des boissons vineuses en général, ou Manière de fabriquer soi-même les vins, cidres, poirés, bières, hydromels, piquettes et toutes sortes de boissons vineuses, par des procédés faciles, économiques et des plus hygiéniques, par M. L.-F. DUBIEF, chimiste, auteur de plusieurs ouvrages qui ont mérité les honneurs de la réimpression en France et à l'étranger. 1 v., 72 pages. 1 fr. 50

L'auteur a publié ce petit ouvrage, non-seulement pour venir en aide aux personnes économes, mais encore, et plus, pour celles dont l'économie est une nécessité. Si elles suivent les prescriptions qui y sont indiquées, elles peuvent être assurées de bien fabriquer elles-mêmes et avec facilité toutes sortes de vins, bières, cidres, etc.

2. Guide pratique d'**Economie domestique**, publié sous forme de dictionnaire, contenant des notions d'une application journalière, chauffage, éclairage, blanchissage, dégraissage, préparation et conservation des substances alimentaires, boissons, liqueurs de toutes sortes, cosmétiques, soins hygiéniques, médecine, pharmacie, etc., etc., par M. le docteur B. LUNEL, médecin-chimiste, etc. 1 vol., 227 pages.   1 fr.

L'économie domestique, longtemps dédaignée, est élevée aujourd'hui au rang de science. Le guide de M. le docteur Lunel, sous la forme commode de dictionnaire, constitue une véritable encyclopédie de cette science nouvelle.

2 *bis*. Paris à vol d'oiseau, par M. J. MALEVILLE. 1 vol., XI-259 pages. 5 fr.

Ce livre, qui sort un peu du cadre ordinaire de notre Bibliothèque, est une étude humoristique sur l'histoire de Paris. « On a dit dans le temps : Rome est un musée, Londres est une fabrique, et Paris est une idée dans un cadre de pierre. » C'est ce cadre de pierre que l'auteur a voulu étudier.

3. Le Mouvement industriel et commercial en 1864-1865. (Chemins de fer. — Navigation intérieure. — Navigation maritime), par M. Amédée SÉBILLOT, ingénieur, ancien élève de l'École centrale des arts et manufactures. 1 v., XVI-216 p. 2 fr.

M. Sébillot ne s'est pas contenté d'être l'historiographe du mouvement industriel de l'année : il indique les voies ouvertes à la grande industrie. Son livre abonde en conseils qui méritent d'être médités.

14. Guide pratique d'Hygiène et de Médecine usuelle, complété par le traitement du choléra épidémique, par le docteur B. LUNEL, chimiste, membre des Académies impériales des sciences de Caen, etc., ancien médecin commissionné pour les épidémies, etc. 1 vol., 209 pages. 1 fr. 50

Ce livre ne s'adresse à aucune spécialité de lecteurs et convient à tout le monde. Il se subdivise en hygiène privée et en hygiène publique. Dans la première partie, l'auteur examine dans quelle mesure l'homme qui veut conserver sa santé doit, selon son âge, sa constitution et les circonstances dans lesquelles il se trouve, user des choses qui l'environnent et de ses propres facultés, soit pour ses besoins, soit pour ses plaisirs. Dans le second, il s'occupe de tout ce qui concerne la salubrité publique. Un chapitre spécial est consacré à la médecine des accidents.

16. Manuel pratique d'Ethnographie, ou Description des races humaines ; les différents peuples, leurs caractères naturels, leurs caractères sociaux ; divisions et subdivisions des différentes races humaines, par M. J. D'OMALIUS D'HALLOY. 5ᵉ édition, 1 vol., 127 pages, avec 1 planche coloriée. 5 fr.

Après avoir exposé les principes généraux de l'ethnographie, l'auteur décrit les races, rameaux, familles et peuples que l'on distingue dans le genre humain. Le *Manuel d'ethnographie* est terminé par des tableaux synoptiques présentant les diverses divisions, avec l'indication approximative de la force de chaque peuple et de la distribution des familles dans les cinq parties de la terre. Cet ouvrage est accompagné de nombreuses notes dans lesquelles l'auteur discute les diverses questions sur lesquelles il ne partage pas les opinions de la plupart des ethnographes.

17. Guide pratique de Sténographie, par M. Charles TONDEUR. 23ᵉ édition. 1 volume. 1 fr.

Ce n'est point un système nouveau que M. Tondeur a voulu introduire, c'est une méthode éclectique qui renferme en elle ce qu'il y a de plus simple et de plus heureux dans tous les autres systèmes. La sténographie de M. Tondeur est à sa *vingt-troisième* édition.

En préparation.

3. Comptabilité manufacturière
4.   —   agricole.
5. Législation industrielle.
6.   —   commerciale.
7.   —   agricole.
8. Géographie commerciale.
9. Géographie industrielle.
10. Choix d'une profession.
11. Droit usuel.
12. Personnel des chemins de fer.
13. Créancier hypothécaire.
15. Économie industrielle.
18. Maires et adjoints.
19. Electricité médicale.
20. Pêcheur.
21. Conservation des substances alimentaires.
22. Chimie amusante.
23. Physique amusante.
24. Extinction des incendies, ou le Guide du sapeur pompier. (Nouvelle édition complétement refondue.)

Outre les livres de notre fonds, nous avons toujours un assortiment aussi complet que possible de toutes les publications qui intéressent MM. les Ingénieurs et Architectes, MM. les Chefs d'usines industrielles et d'exploitations agricoles, MM. les Élèves des Écoles polytechnique et professionnelles.

Nous envoyons notre Catalogue complet, 1 fort volume de 400 pages, qui résume la connaissance de tous les principaux ouvrages publiés en France et en Belgique, contre la réception de 2 francs en timbres-poste.

Nous expédions, soit en France, soit à l'étranger, toutes les demandes accompagnées d'un mandat sur la poste ou d'un effet à vue sur Paris.

Pour recevoir *franco* les mêmes ouvrages à l'étranger, la valeur à envoyer doit être augmentée de *dix pour cent* pour couvrir les frais de port.

Nous imprimons, soit pour notre compte, soit pour le compte des auteurs, et nous recevons en dépôt tous les ouvrages de notre spécialité (sciences, industrie, architecture, beaux-arts, agriculture, etc.).

Nous publions tous les trois mois la Bibliographie de tous les ouvrages de sciences industrielles et d'agriculture imprimés en France et en Belgique pendant le trimestre écoulé. Prix du numéro : 25 c.

Paris. — Typographie HENRUYER ET FILS, rue du Boulevard, 7.

www.ingramcontent.com/pod-product-compliance
Lightning Source LLC
LaVergne TN
LVHW011954180726
843502LV00005B/1416

9782329521220